災害の型別防止対策

建設業
安全衛生
優良事例集

建設労務安全研究会　編

労働新聞社

はじめに

　建設労務安全研究会では、会員各社より建設現場における安全衛生優良事例を収集しホームページ及び「安全衛生優良事例集」として発刊してまいりました。
　今般、「安全衛生委員会グッドプラクティス部会」にて、事例集の全般見直し、改訂を行い、新しく「建設業安全衛生優良事例集」として発刊致しました。

　平成25年に施行された第12次労働災害防止計画でも指摘しているように、建設業における労働災害発生件数は業種全体の3分の1を占めており、「墜落・転落災害」の半数以上が建設業で発生しています。第12次防の建設業対策の目標として掲げられているのは、平成29年までに平成24年と比較して死亡者数を20%以上減少させることとしています。

　今回の改訂にあたっては、現在汎用されているものについては改訂の段階で削除し、今後も運用に対応できるものについて掲載しています。
　また、労働災害の型別での防止対策として活用できるよう編纂いたしました。

　「建設業安全衛生優良事例集」が、建設現場における労働災害防止に向けた対策の一助として活用され、建設業各社の「安全・安心」の確保に繋がることを願っております。

平成27年2月

　　　　　　　　　　　　　　　　　　建設労務安全研究会　　　理事長　　土屋　良直
　　　　　　　　　　　　　　　　　　安全衛生委員会　　　　　委員長　　本多　雅之
　　　　　　　　　　　　　　　　　　グッドプラクティス部会　部会長　　渡辺　康史

1 墜落・転落

001	床デッキプレートのプレハブ化	15
002	超高層建築用セルフクライミング外周足場の改善	16
003	簡易設置型スリット開口部養生パイプ手すり	18
004	安全帯取付け用丸環付吊ボルト	19
005	ＰＣａ床版への手すりの先行設置	20
006	バルコニーステップ（外部足場からの昇降設備の簡易設置）	21
007	エレベーターシャフト墜落防止防護ネット	22
008	土留壁上部工におけるプレキャスト部材を利用した墜落防止	23
009	ＰＣａ部材の利用によるダム天端作業の安全性向上	25
010	トンネル覆工用セントル妻部上部足場からの転落防止	27
011	橋脚等における水平昇降ロボットジャッキシステム	28
012	大型ボックスカルバートの先行埋込みアンカーを利用した転落防止施設	30
013	橋脚築造工事における先行手すり足場	32
014	作業用通路の設置	33
015	橋梁工事における転落防止手すり及び作業通路	34
016	ケーソン中詰作業時の着脱式作業足場	35
017	山留め工事における安全帯取付け金物	36
018	安全帯の掛け替え不要金具	37
019	二丁掛け安全帯チョッキ着用及び二丁掛け訓練台	38
020	移動用はしごの色分け（長さを色別に）	39
021	メッシュシート色で昇降階段位置を表示	40
022	ベアリング金物を利用した安全ネットの開閉改善	41
023	地下掘削工事における開口部養生	43
024	開口部転落防止養生枠上昇設備	44
025	型枠昇降用移動はしご	45
026	トレーラー荷台用親綱支柱	46
027	搬入資材玉掛け用昇降足場	47
028	ローリングタワーに使用した安全帯取付け設備による車上転落防止対策	48
029	資材搬入トラックの墜落防止設備等	49
030	車上での玉掛け作業の時の隣接足場を利用した墜落防止対策	50

031	土砂運搬時の飛散養生作業の昇降設備および転落防止対策	51
032	マンホール昇降時専用梯子	52
033	チェッカープレートを使用した開口養生	53
034	エキスパンドメタルを用いた丁番付開口部蓋	54
035	ネットクランプ撤去治具	55
036	土留支保工上の安全通路	56
037	点字ブロックシートを用いた可搬式作業台端部の注意喚起	57
038	親綱を設置するための特殊な金物を柱鉄筋頭部に設置	58
039	ダンプ積荷の飛散防止シート掛け用設備の改善	59
040	足場、躯体間の水平落下養生の不備改善	60
041	スラブ施工部分と外部足場との間の墜落防止措置について	61
042	建築現場における、施工済み（手すり最終施工）躯体部分と外部足場との間の墜落防止措置について	62
043	鋼管溶接時における溶接用作業足場の改善	63
044	梯子の足下固定強化、手すり設置	64

2 転倒

001	トンネル坑内安全通路に関する工夫（通路の確保）	65
002	暗い場所におけるチューブライトを利用した作業通路の明示	66
003	型枠支保工内部の安全通路明示	67
004	滑り止めテープによる昇降階段の凍結対策	68
005	メッシュロードを用いた捨石上の安全通路	69
006	階段段差部　段差養生材設置	70
007	パネルゲート足元の安全対策	71
008	段差スロープ（乗り入れ部敷き鉄板の段差解消）	72
009	壁差し金フックをU型に加工し転倒・つまずき防止	73

3 激突

001	シールドトンネル坑内の台車逸走防止装置	74

002	トンネル坑口に設置する通過車両高さ制限装置（門構）	75
003	切羽肌落ち対策としてのジャンボマンゲージの油圧伸縮式屋根	76
004	トンネル工事用機械の落石防護回転式ヘッドカバー	77
005	フォークリフトへの警報装置の取付け	78
006	既設高速道路との接触防止対策	79

4 飛来・落下

001	スラブ受桁鋼材の安全な撤去方法	80
002	鉄骨建方における先行垂直ネットはり用みぞ形鋼（チャンネル）	83
003	電動開閉式水平ネット	84
004	トンネル工事における切羽発破防護（防爆シート）	85
005	ブロック製作工事におけるブロック転置用専用吊具（サスペンダー）	86
006	橋型クレーン稼動時での立坑上下間連絡合図方法	87
007	「もやいロープ」飛来防止柵	88
008	大口径深礎杭　掘削時の作業員退避小屋	89
009	クレーン用フック警報装置	90
010	揚重機による荷吊方法の作業基準に伴う落下防止網の使用	91
011	丁番式スプライスプレート	93
012	開口部からの荷下ろし警報装置	94
013	資材搬入時玉掛け用ブザーの採用	95
014	荷ぬけ防止用鋼管吊り容器	96
015	大口径深礎杭　掘削時の大型重機吊治具	97
016	長尺物の吊治具の改良	98
017	狭い立坑における昇降設備の改善	99
018	ワイヤー・シャックルの実物見本	100

5 崩壊・倒壊

| 001 | 遠隔操縦ロボット（ロボQ） | 101 |

6　激突され

001	施工環境（縦断勾配）を考慮した覆工セントル	103
002	センサーによる重機接触災害防止装置	104
003	稼動中重機への無線警報	106
004	潜堤消波ブロック据付における起重機船誘導システムの導入	107
005	クレーンフック接近時の注意喚起	108
006	重機警報システム	109
007	高さの高い軽量可搬型立入禁止柵	110
008	コンクリート打設時の回転台使用	111
009	杭の吊り起こし時の荷振れ防止架台	112
010	工事用通行ゲートにおける車輌との接触防止対策	114

7　挟まれ・巻き込まれ

001	施工環境（仮設ヤード）を考慮した覆工セントル	115
002	シールド工事におけるセグメント空中受渡し装置の採用によるセグメント組立作業の安全性向上	117
003	マンゲージの挟まれ防止	118
004	潜水作業者の水中での玉掛け解除方法	119
005	作業船デッキの整理・整頓	120
006	移動式クレーン後方看視システム	121
007	クレーンと一体化した立入禁止柵	124
008	高所作業車の指挟まれ防止操作ボックスカバー	125
009	オーガー付着残土除去ブラシ	126
010	スプリンクラー配管を利用した洗車設備	127
011	重機使用開始時の接触防止対策	128
012	識別反射チョッキの着用	129
013	重機運転時の安全確認	130
014	坑内掘削作業における重機と人の離隔確保及びベルコン巻き込まれ防止対策に関する「見えるか対策」	131

| 015 | 転圧用ローラーの巻き込まれ防止装置 | 132 |
| 016 | ドリルジャンボマンゲージによる挟まれ防止 | 134 |

8　切れ・こすれ

001	差し筋先端部の丸フック加工	135
002	差し筋先端部のU型加工	136
003	建築廃材を用いた差し筋養生方法	137
004	差し筋単管養生	138
005	狭隘な作業通路の型枠フォームタイの養生	139
006	「指切るな」ステッカー	140

9　踏み抜き

| 001 | 急曲線トンネル内における台形状通路足場板 | 141 |

10　おぼれ

001	岸壁に常設した救命索	143
002	浮上深度表示装置（潜水作業）	144
003	自動潜水管理システム	145
004	潜水作業の安全管理を支援する「水中ポジショニングシステム」	146

11　高温・低温との接触

001	ラインクーラーによるモルタル硬化熱対策設備の設置	147
002	酷暑季中での鉄筋組立作業中の熱中症対策	148
003	休憩所等を兼ねた多目的テントの考案	149
004	熱中症防止ポスター	150

12　有害物質との接触

001　屋内粉じん対策 ……………………………………………………………151

13　感　電

001　電撃防止絶縁フック ………………………………………………………152
002　架空線接触防止用バックミラー …………………………………………153
003　分電盤内にケーブルタグを準備し、行先不明ケーブルをなくす ……154

14　火　災

001　トンネル坑内の移動式消火設備 …………………………………………155

15　交通事故

001　トンネル坑内車道における待避所の明確化 ……………………………156
002　出入口の視界確保による交通事故の防止 ………………………………157

16　その他

001　近隣地域町内会との交流（かかしコンクール・餅つき大会）………158
002　地元小学生に対する現場見学会の開催 …………………………………159
003　近隣住民からのご意見箱 …………………………………………………160
004　近隣への工事内容説明 ……………………………………………………161
005　工事説明看板の設置 ………………………………………………………162
006　地元園児との交流（クロダイ稚魚の放流）……………………………163

建設業安全衛生優良事例集 —災害の型別防止対策— 目次

007	献血による社会貢献	164
008	顔写真つきインフォメーションボード	165
009	現場外周部の鉢植えと清掃による美化	166
010	現場における「一般ゴミ」の分別	167
011	間伐材を利用した手すりと階段ステップ	168
012	空き缶を利用した席札の作成	169
013	トンネル坑内排気の新しい利用方法	170
014	場内仮設照明ランプの省エネルギー化	171
015	坑内換気の改善	172
016	強化ガラスを利用した足元照明	173
017	竣工済立坑へ到達する共同溝トンネルにおける回収型シールド機（やどかり君）の適用	174
018	トンネル工事の移動式防音・防塵扉	175
019	浚渫土固化処理工事における展望台の設置	176
020	海浜における夏期の第三者進入防止対策	177
021	杭打機足場用敷鉄板の敷設・移動方法の改善	178
022	ＩＣタグを用いた骨材混入防止・運行管理システム	179
023	ケーソン吊上作業時の視認性の向上	180
024	浚渫作業の浚渫土による汚濁防止対策	181
025	土砂や泥水の海中落下防止設備	182
026	粉じん防止用ミストシャワー	183
027	ＴＶカメラによるクレーン作業の安全確保	184
028	色彩効果を利用した坑内蛍光灯の工夫	185
029	色分けによる作業ヤード区分	186
030	色彩効果を利用した安全設備	187
031	ドームミラー設置	189
032	監視カメラによる現場管理	190
033	鉄筋を用いた耐圧盤コンクリート打設用足場	191
034	カラーコーンの嵩上げによる作業区画の明示	192
035	１ｔ土嚢作成治具	193
036	パトライト式風速計	194
037	重機作業時の逆光対策	195
038	中断面トンネルにおける坑内作業環境改善	196

建設業安全衛生優良事例集 ―災害の型別防止対策―　目次

039	長さ別の玉掛ワイヤー置場	197
040	現場危険箇所の見える化	198
041	現場の安全競争	199
042	書道コンクール	200
043	職長の安全宣言活動	201
044	死亡災害事例を朝礼広場の掲示板に大きく掲示	202
045	第三者の侵入を自動通報	203
046	既設人孔内作業における安全対策	204
047	床スリーブ養生対策	205
048	作業所掲示板緊急指定病院表示の工夫	206
049	「安全衛生文書の検索ガイドブック」及び「工事事務所で使用する安全衛生関係帳票の解説・記載例」の冊子配布	207
050	作業員のグループ写真掲示による仲間意識の向上	208
051	長距離小口径シールドの安全対策	209
052	新規入場時の作業員の事故・災害を防止する	210
053	吹流しによる風速の簡易判断装置	211
054	看板の見える化	212
055	現場の良い点、悪い点	213
056	自己管理点検シート	214
057	黙認（M）、見逃し（M）、容認（Y）、をしない、M、M、Y、運動	215
058	ジャンケン肩もみ	216
059	安全・衛生 5・7・5	217
060	気懸り提案シート	218
061	事業主の安全に対する思いをポスターに!!	219
062	安全朝礼の一工夫（安全バトンパス）	220
063	現場作業員による「アイデア看板コンテスト」の開催と看板掲示	221
064	「安全の見える化動画」の開発と展開	222
065	「安全教育・周知事項」掲示板（作業員詰所）	223
066	日替わりで重点テーマを決めた安全点検	224
067	『見える現場・見せる現場』－ みんなの安全・安心を目指して	225
068	職長会活動の推進のうち、職長会による朝礼の司会進行	228
069	測量・修理作業との接触災害防止	229
070	点滅信号によるズリ出し作業の明示	230

建設業安全衛生優良事例集 —災害の型別防止対策— 目次

071	朝礼時の複合安全訓練	231
072	コンストラクションリーフレットの発行	233
073	トラックスケールによる積載荷重の確認積込	234
074	月間毎の安全表彰	235
075	作業員休憩所・トイレでの災害事例紹介	236
076	職長による司会と肩揉みによるスキンシップ	237
077	うっかり災害防止体操	238
078	図面等を用いた職長・オペレーターによる安全朝礼	240
079	朝礼とＫＹミーティングの進行順序の工夫	241
080	ストレッチ体操の導入（音楽ナシ）	242
081	作業員体調確認チェックシート	243
082	朝礼時に行うワンポイントチェック	244
083	１人ＫＹ活動	245
084	「ヒヤリ・ハット」記録帳の活用	246
085	ＷＫ（私はこうします）運動	247
086	作業員をモデルにしたＫＹシート	249
087	危険予知活動（ＴＢＭ・ＫＹＫ・ＳＣ－５）添削指導と掲示	250
088	日々行う作業手順書の確認	251
089	工事写真を活用したＫＹ活動	252
090	ＫＹ活動に基づく作業前安全確認	253
091	始業ミーティング時に行う、安全帯の点検	254
092	デジカメを活用した安全指示	255
093	「一声かけ」による所長パトロール	256
094	デジタルカメラを利用した統責者パトロールのプレゼンテーション	257
095	「一声かけ隊」による安全巡視	258
096	デジカメによる安全・不安全行動の公表	259
097	瞑想リラクゼーションとストレッチ体操の実施	261
098	ＩＴを駆使した安全工程打合せ	263
099	ゴミの１袋片付け運動	265
100	ゴミの「ひとつかみ運動」による作業環境の改善	266
101	ヒヤリ・ハットの報告と朝礼への活用	267
102	トンネルの切羽状況掲示板による作業の引継ぎ	268
103	入退場管理システム	269

建設業安全衛生優良事例集 —災害の型別防止対策— 目次

104	職長会活動の充実	270
105	職長当番制による新規入場者教育の実施	272
106	職長会新聞の発行	273
107	職長会安全パトロール新聞	274
108	安全月間表彰	275
109	顔写真付きIDカードによる入坑者管理	276
110	顔写真付きトンネル入坑者一覧表	277
111	入坑者管理システム	278
112	自然環境にマッチした休憩所の設置	279
113	沈埋トンネル工事内における休憩所の改善	280
114	工程毎の安全衛生目標の掲示	281
115	「私達の安全の誓い・品質の誓い」	282
116	ビニール袋に入れた防火用水の改善	283
117	安全標語手作りポスターの掲示	284
118	作業員をモデルにした安全掲示物	285
119	オリジナル標識による安全意識の高揚と啓発	286
120	実作業をモデルにした手作り安全看板	287
121	目を引くオリジナル安全標識	288
122	安全標語の階段蹴込みへの掲示	289
123	同種工事事故事例の掲示	290
124	ヒヤリ・ハット事例の掲示	291
125	安全標語掲示板	292
126	建設現場における表示看板と建設資材の計画的配置	293
127	電光掲示板による安全運転の徹底	294
128	玉掛けチョッキの着用	296
129	新規入場者に対する「送り出し教育」の実施	297
130	取引業者送り出し教育教本	299
131	安全パトロール時に行う教育訓練	300
132	安全衛生協議会時の安全レベルアップ教育	301
133	新規入場後のフォローアップ教育	302
134	ビデオソフトによる新規入場者教育	303
135	イントラネットを活用した熱中症教育スライド・ビデオのオンデマンド配信	304
136	安全帯点検及び正しい使用方法の教育・落下実験	305

137	イラスト化した作業手順書の掲示	306
138	型枠スラブ張り作業墜落・転落災害防止措置確認書	307
139	潜水作業者毎のチェックシートによる健康管理	308
140	ヒューマンエラー度チェックシート	309
141	安全帯の確認	310
142	現場における「熱中症」予防対策の実施	311
143	交通誘導員の熱中症対策	312
144	建設現場における『サマータイム安全施工サイクル』の導入	313
145	段差つまずき防止のシール明示	314
146	「フロアマスター制度」によるフロア別安全管理	315
147	パネルカードによる運転者の明示	316
148	移動式クレーン運転時のルール	317
149	重機オペレーター席に貼った「私の安全宣言」カード	318
150	ダンプトラック積載標準図	319
151	『この機械の運転者は私です』（取り外し可能ステッカー）	320
152	過負荷防止装置解除キーの保管（所長席傍）	321
153	過負荷防止装置解除キーの管理（ボディ本体横）	322
154	脚立に取り付けた取扱説明書	323
155	脚立天板作業禁止の注意喚起カバー	324
156	ヘルメットに携帯する緊急時対応マニュアル	325
157	緊急時連絡カードの配付	326
158	ゼネコンにおけるリスクアセスメント	327

※本書では、法律用語である「墜落制止用器具」を従来の「安全帯」と表記している部分があります。これは「安全帯」という言葉が、現場に定着していて、活動時等に馴染むものと考えての対応です。
　また、事例写真内でもフルハーネス型ではない安全帯になっているところもありますが、本書発刊時時点での掲載ということで、そのままにしております。ご了承ください。

1 墜落・転落

墜落・転落	001	区分	ハード部門（建築）
タイトル	床デッキプレートのプレハブ化		
動機・改善前の状況	動機：工期短縮と高所作業の減少 改善前状況：① 小梁施工（高所作業） 　　　　　　② デッキ施工及び溶接（高所作業） ①、②ともに高所作業		
改善・実施事項	改善：小梁とデッキプレートをセットにして地組施工 従来上記①、②の高所作業をしていたが、地上で作業できるようにする 手順 　1．低所（ストックヤード）作業 　　・組み立て架台の設置　　　　　・小梁の配置、固定 　　・デッキプレートの配置、溶接固定　・仮設手すり取付け 　　・墜落防護ネット取付け 　2．高所作業 　　・プレハブ材の取付け		
改善効果	〈メリット〉① 従来小梁・デッキ取付けは高所での作業であるが、地上にて行うことができる。 　　　　　② 溶接作業姿勢が良好で品質向上できる 　　　　　③ 工期短縮（全体として3日位） 　　　　　④ 従来小梁取付け時、水平ネットを取り付けるが、地上にて床（デッキプレート）を張るので、開口部が減少する 〈デメリット〉① 本体取付け用と地組用のクレーンが必要 　　　　　② 地組するスペースが必要		
活動内容 改善事項の図、写真			

墜落・転落	002	区分	ハード部門（建築）

タイトル	超高層建築用セルフクライミング外周足場の改善
動機・改善前の状況	近年、超高層マンションの建設におけるファサードの高級化により柱・梁を外周部に設置する設計が増え、建物外周での作業が必要なために外部作業用足場を設置することが多い。しかし、従来の外周吊足場（セルフクライミング足場）では、以下のような問題点があった。 ①　足場の剛性が低いことから、盛替作業時に風にあおられやすい。 ②　落下養生が不十分なため、隙間からゴミが落ちる。 ③　ガイドレールや巻上装置が大掛かりである。 ④　巻上装置が大掛かりなため、盛替が困難である。
改善・実施事項	従来の外周吊足場を改善するため次の改善を実施した。 ①　鋼材からなる簡易な構造フレームと枠組足場を組み合せた複合構造とし、一体化した。 ②　クライミング時に構造フレームをガイドレールと兼用した。 ③　巻上装置として小型電動式チェーンブロックを採用し、軽量化を図った。 ④　足場ユニット間の養生ネット連結にマジックテープを使用した。 ⑤　最下部に形状に合わせた養生ネットを製作・設置した。
改善効果	①　構造フレームと枠組足場を組み合せた複合構造により剛性の向上を図り耐風速40m/sを実現し、作業の安全性を向上させた。 ②　足場ユニット間・最下部の養生の隙間を最小に抑えることにより、落下物がなくなった。 ③　巻上装置を軽量化することにより、安全に盛替作業が行えるようになった。 ④　ガイドを設けることにより、安定したセルフクライミングが行えるようになった。 ⑤　簡易な構造フレームと枠組足場を組み合わせた構造とすることにより、仮設材としての転用が可能となった。 ⑥　足場ユニット間の養生ネット連結にマジックテープを使用することにより、紐で連結する作業がなくなり、作業性が向上した。 ⑦　最下部に形状に合わせた養生ネットを製作・設置したことにより、躯体との隙間からの飛来落下を防止した。 以上の改善効果により一層の安全作業が確立できた。

| 活動内容 改善事項の図、写真 | 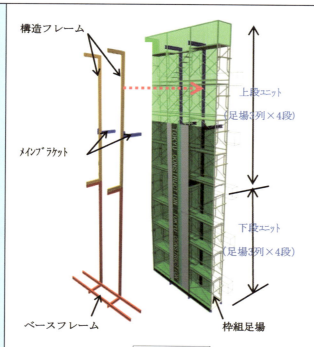 足場概要図  クライミング足場全景 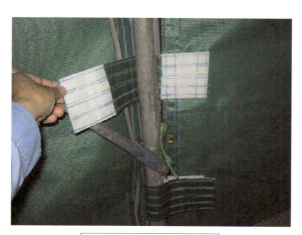 ユニット間小幅ネット  最下部養生シート設置状況 |

墜落・転落	003	区分	ハード部門（建築）
タイトル	簡易設置型スリット開口部養生パイプ手すり		
動機・改善前の状況	ベランダのスリット部の開口部養生として、従来はコンクリートに埋め込まれたプラスチックコーンのねじ穴を利用して単管パイプをフォームタイで止め、手すりとしていた。しかし、プラスチックコーンをモルタルで埋めた後は、この方法をとることができず、手すりを外したままになりがちであった。		
改善・実施事項	U型に折り曲げ加工した径13mmの異形鉄筋を長さ300mm程度の単管パイプに溶接で固定し、この単管パイプ2組を枠組足場用端部ストッパーまたはクランプと単管パイプで連結した。これをスリット両側のパラペットにハンガー式に掛け開口部養生とした。なお、異形鉄筋はパラペットを傷付けないようにビニールホースをかぶせている。 端部ストッパーまたはクランプと単管パイプを使用することで手すりの長さが調節でき、スリットの幅に合わせて自在に対応が可能である。 考案に当たっては以下の点を考慮した。 ① 持運びができるように軽量化を図る ② 市販品を利用して製作できる ③ 躯体を傷付けない		
改善効果	取付けが簡単なため、開口部を放置することがなくなり、墜落防止として有効であった。		
活動内容 改善事項の図、写真	（図：U型鉄筋D10を単管パイプφ48.6に溶接した手すりの寸法図。幅160、高さ200、単管パイプ長300、溶接位置150）		

墜落・転落	004	区分	ハード部門（建築）
タイトル	安全帯取付け用丸環付吊ボルト		
動機・改善前の状況	天井内配管及び天井内配線等の設備工事において、脚立に足場板を結束し作成した作業床や、立ち馬等の可般式作業台を使用しての作業が一般的である。この際、手すりの無い状態での作業となり、墜落での休業及び不休災害が数多く発生しているのが実状である。		
改善・実施事項	対策として安全帯の使用を励行したいが、安全帯を使用するための施設がなく、どのような物で対応するかという中で、丸環付吊ボルトを採用した。これは丸環を500mm程度のボルトの先につけた物で、作業員が各々所持し作業箇所で、天井下地用インサートや設備配管及び配線吊ボルト用インサートを利用し、各自取り付ける。そしてボルトの先の丸環に安全帯を掛けて作業するのである。作業員の数だけあれば十分で、親綱や手すり等で対応するよりも、タイムリーでかつ手間もかからず、盛り替えも各自で容易に行える。またコストもそれ程かからない。		
改善効果	開発後同作業での墜落災害が減少した。		
活動内容 改善事項の図、写真			

墜落・転落	005	区分	ハード部門（建築）
タイトル	ＰＣａ床版への手すりの先行設置		
動機・改善前の状況	金物手すり取付け箇所のＰＣａ床版端部における作業時の転落防止措置として、従来はＰＣａ床版据付後に養生手すりを設置していたが、ＰＣａ床版の据付時や手すり設置時の状態は親綱を張り、安全帯の使用程度で作業を行っていた。		
改善・実施事項	ＰＣａ床版先端にクランプ付金物を使用し、ＰＣａ床版を据付ける前に単管手すりを予め取り付けた。ＰＣａ床版を据付後すぐにジョイントを連結し、転落防止措置を施すようにした。考案にあたっては以下の点に考慮した。 ① 外装の仕上げが可能であること。 ② 金物手すり取付け時の転落防止措置にも対応できること。		
改善効果	手すりが設置された状態でＰＣａ床版据付作業も行うことができ、転落災害の防止に有効であった。ＰＣａ床版据付完了スパンより直ぐに配筋作業が可能となり、工程の短縮も図れた。		
活動内容 改善事項の図、写真			

墜落・転落	006	区分	ハード部門（建築）
タイトル	バルコニーステップ（外部足場からの昇降設備の簡易設置）		
動機・改善前の状況	ＲＣ造における外部足場からバルコニー等への昇降設備を設置する時期が、躯体工事中において随時になるため、数日間は、昇降設備がない状況になってしまうことから、簡単に設置できる昇降設備が必要だった。		
改善・実施事項	外部足場のせり上時に、バルコニーステップを折りたたんで設置しておくことにより、型枠スラブ設置終了時において、直ぐに昇降設備を設置できた。		
改善効果	型枠スラブ設置終了時に、直ぐに昇降設備が設置できるため、昇降設備のない状況（場所・時間）が、ほとんどなくなった。		
活動内容 改善事項の図、写真	折りたたみ状態 設置状態		

墜落・転落	007	区分	ハード部門（建築）
タイトル	エレベーターシャフト墜落防止防護ネット		
動機・改善前の状況	躯体工事中は合板等で開口部を塞いだり、単管手すりと幅木を設置したりして、エレベーター工事開始時にＥＬＶ業者の防護シートを設置していた。		
改善・実施事項	躯体コンクリート打設後型枠解体時点で、ネットに開口部注意シートを取り付けてフォームタイで固定し、幅木を取り付けた。 （エレベーターシャフト内部は、各階毎に仮床設置が条件。）		
改善効果	エレベーター防護用ネットは、網目 50mm × 50mm であり開口部注意のシートと併用し、床面に合板幅木を取り付けてシャフト内に物が落ちないようにした、自然光も入り通風も確保できる。		
活動内容 改善事項の図、写真			

墜落・転落	008	区分	ハード部門（土木）
タイトル	土留壁上部工におけるプレキャスト部材を利用した墜落防止			
動機・改善前の状況	補強土壁工（テールアルメ）の最終工程である天端コンクリート部分の構築に際して、全作業が高所（高さ約20m）での作業を要求され、直下に水路等がある場合には満足な足場の構築も難しく、安全上問題が多い。また、このような作業条件下では品質的にも問題が発生する可能性が高い。			

改善・実施事項

側面図

補強土壁前面 ⇔ 裏込土側（作業ヤード）

- 天端コンクリート（1次施工）現場打ちプレキャスト部材
- テールアルメスキン（コンクリート2次製品）
- 天端コンクリート（2次施工）現場打ちコンクリート
- 1次施工 天端コンクリート 仮止め用アングル

天端コンクリートの施工を2段階の分割施工とする
① 補強土壁前面側となる1次施工分の現場打ち部材を作成、
② クレーンにて吊り込み、テールアルメスキンと仮止め用アングルで固定し一体化を図る、
③ 鉄筋、型枠を組立て、コンクリートを打設し2次施工分を構築する。

改善効果

高所での作業足場の設置作業がなくなると同時に、1次施工分の現場打ちプレキャスト部材が転落防止用の壁の役目を果たした。よってすべての作業工程が補強土壁工の裏込め土側からのアプローチで可能となった。これにより高所での危険作業がなくなるとともに、品質的にも優れた（クラックの発生が最小限に低減されるとともに、外面の平滑性及び光沢にも優れ、アバタや色ムラ等も無い）天端コンクリートを構築することができた。

活動内容 改善事項の図、写真

① 型枠製作作業

② 現場打ちコンクリート作業

活動内容 改善事項の区、 写真	 ③ 現場打ちプレキャスト部材揚重建て込み（1次）  ④ 現場打ちプレキャスト部材を下部スキンと連結固定  ⑤ 2次施工分鉄筋組立  ⑥ 型枠組立（2次）  ⑦ コンクリート打設後脱型状況  ⑧ 完成状況（外観）

墜落・転落	009	区分	ハード部門（土木）

タイトル	ＰＣａ部材の利用によるダム天端作業の安全性向上
動機・改善前の状況	全面越流形式のダムの堤頂部においては、ダム天端に設置される管理道路などのアバットやピア、常用洪水吐施設など塔状構造物をダム天端という高所で建設する必要がある。これら塔状構造物には張出部が設けられることが多い。従来の工法では、この張出部に鋼材でステージを組み、その上に足場・支保工を設置し、ステージ解体時にはクレーン等で鋼材を横引して引き上げなければならないなど、張出部の施工には施工性はもとより、安全上に大きな課題を有していた。 従来工法 1.2リフト打設完了／2.足場・支保工組立／3.コンクリート打設／4.高欄型枠組立／5.足場・支保工解体
改善・実施事項	この張出部や天端高欄にＰＣａ部材を採用することにより、高所作業を大幅に低減し、安全性の飛躍的な向上を図った。 １．型枠のＰＣａ化 　張出部の底枠・側枠などの型枠をＰＣａ化すると共に、ＰＣａ型枠の取付けなどをすべて安全なダム天端の内側から作業できるようにダム躯体やＰＣａ型枠部材同士の接合方法を考案し、実施した。また、ＰＣａ型枠は凍結融解に対する抵抗性などを確保しながら軽量化を図り、使用するコンクリートを部材種別によって使い分けた。 ２．ＰＣａ部材による高欄の施工 　ダム天端の高欄も現場打ちコンクリートの施工からすべてＰＣａ部材とすることにより作業の安全性と共に、美観や耐久性の向上を図っている。高欄の取付けもすべて安全サイド側からの作業で設置できるよう接合方法を工夫した。 ＰＣａ工法 1.2リフト打設完了／2.ＰＣａ部材設置／3.コンクリート打設／4.ＰＣａ高欄設置

改善効果	ダム天端という高所において、足場やステージ、従来工法による型枠の組立解体をなくし、作業を安全な堤体側から行うことにより施工性、安全性を飛躍的に向上できた。 　また、高欄や構造物の型枠を工場製作とすることで、見栄えや耐久性に優れたものにでき、作業員の高齢化や熟練工の不足に対する作業工程の効率化・平準化が図れた。
活動内容 改善事項の図、 写真	 写真-1　AタイプPCa型枠設置状況  写真-2　AタイプPCa型枠設置完了  写真-3　BタイプPCa型枠設置完了  写真-4　高欄取付け部モルタル注入状況

Good Practice!

墜落・転落	010	区分	ハード部門（土木）
タイトル	トンネル覆工用セントル妻部上部足場からの転落防止		
動機・改善前の状況	鉄道用セントル妻部の中段足場は、トンネルＳＬ付近にあり、インバートコンクリートから約3.30ｍの高さにある。さらに上段足場までは垂直はしごで約2.0ｍ上らなければならない。この上部足場は進行方向に約1.0ｍ幅で設置され、横断方向に伸び妻枠の取付け、解体、コンクリートの打設及び、最終確認を行うためのもので、垂直はしご直上部分は足場の手すりが無い状態にあるため、この部分からの転落が予想される場所でもあった。		
改善・実施事項	足場に備付けの手すりは外径約35mmの鋼管で、単管クランプ等と合致しない寸法であるため、Ｄ25全ネジボルト（ロックボルト）を手すり鋼管の中に挿入し、引き出し式の手すりとした。 脱落防止には専用ナットを取り付け、約10cm程を引っかかり長さとした。ロックボルトはスクラップ片を約1.0ｍに切断し再利用した。		
改善効果	クランプ等を使用しないため、作業中に物が引っかかるような状況にはならなかった。ボルトの出し入れもスムーズにでき、また、長さにも余裕を持たせたため、引き出す際の脱落もなく、転落防止に効果があった。		
活動内容 改善事項の図、写真			

墜落・転落	011	区分	ハード部門（土木）

タイトル	橋脚等における水平昇降ロボットジャッキシステム

動機・改善前の状況

　橋脚、煙突等の搭状構造物を施工する場合は、総足場工法が一般的である。総足場工法は、躯体の周囲に地表から枠組を立上げ、施工の進捗に伴い足場の継足し作業を順次行い、躯体完成後は高所から足場の解体作業を順次実施する。また、各施工ロットの型枠の組立、解体も高所作業となる。

　この総足場工法には次のような課題がある。①高所作業、クレーンが多く墜落・重機災害など重大災害につながる。②工数の削減、省力化が難しい。③気候など自然災害に影響されやすい。

　このような背景の中で、総足場工法に代わる、安全性、施工性がより高く、省人化・省力化、工程短縮な工法に取り組んだ。

改善・実施事項

　ＦＣＦ工法の改善・実施事項は以下のとおりである。

① 昇降ロボットジャッキシステム：昇降用の作業ステージ上に作業用の足場と大型型枠を搭載し、これら全体をコンピュータ制御可能な昇降ロボットジャッキシステムを用いて、高さ10ｍ程度の作業ステージを、鋼管ロッドを把持しながら上昇、下降することができる。

② クレーン作業の低減：作業ステージ上に足場、大型型枠を搭載しているため、躯体施工過程におけるこれらに対するクレーン作業がない。

③ 鋼管ロッド：昇降ロボットジャッキの反力となる鋼管ロッドは、上昇に伴い継ぎ足していくが、座屈防止用のロッドステイで躯体に固定されるため、躯体の高さに制限はない。

④ 中央制御システム：作業ステージを水平に上昇・下降させるための作動情報と、上昇・下降などオペレーターへの運転手順を指示するためのモニターが表示され、操作は１人でできる。

改善効果

① 安全性の向上：作業ステージ全体を地上で組立・解体ができるため、安全性は飛躍的に向上し墜落災害ゼロを達成した。また、クレーン作業が従来工法に比べ半分以下となったため、クレーン災害の低減につながった。

② 作業環境への配慮：作業ステージ全体を保護することができるため、風、雨、気温等の自然環境に対する作業環境が向上した。

　近年の建設業は、作業員の高齢化、熟練工の不足による作業工程の効率化、平準化が要求され、作業環境の改善が叫ばれている。ＦＣＦ工法は、これら社会の要望に確実に対応できる工法である。

墜落・転落	

活動内容 改善事項の図、 写真	ＦＣＦ工法概念図　　　　　作業ステージ状況 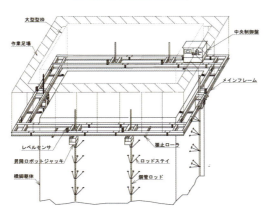  中央制御盤 メインフレーム 昇降ロボットジャッキ 鋼管ロッド　ロッドステイ 上　昇　　　　　降　下   総足場工法とＦＣＦ工法 ＦＣＦ工法　総足場工法 

Good Practice!

墜落・転落	012	区分	ハード部門（土木）

タイトル	大型ボックスカルバートの先行埋込みアンカーを利用した転落防止施設
動機・改善前の状況	内空断面寸法が幅=7,000mm、高さ=5,500mm、長さ=1,000mmの大型ボックスカルバート据付作業において、ボックスカルバート上部における作業時に墜落・転落の危険性があり、転落防止柵等の安全設備の設置が必要になる。しかし外部足場の設置やボックスカルバートにアンカー金物を設置する作業は、工期・コスト・組立スペースの確保等に問題があり、容易且つ低コストでボックスカルバートに設置できる転落防止設備が求められていた。
改善・実施事項	大型ボックスカルバート上部での墜落・転落災害を防止するために、次の改善を実施した。 ・ボックスカルバート製造時に親綱支柱を設置するためのアンカー金物をボックスカルバート側面に埋め込むようにした。 ・ボックスカルバートを現地に搬入した時点で、アンカー金物を利用して親綱支柱をボックスカルバート側面に設置した。 ・ボックスカルバートの据付工程に沿って親綱支柱間に親綱を張り渡し、ボックスカルバート上部からの墜落、転落を防止した。 ・さらにボックスカルバートの据付が完了した箇所は親綱支柱を利用して単管パイプを使った転落防止柵を設置し、墜落、転落防止設備の補強を図った。
改善効果	・外部足場の設置或いは現地でのアンカー金物埋め込み作業は多くの手間と時間を要し、さらに高所作業となり工程、コスト及び安全面で問題があった。工場でアンカー埋込みを実施したため、これ等の問題の低減化が図れ、結果として安全性を確保することができた。 ・作業効率が向上し、施工品質の確保と工期短縮が可能となった。 ・作業中、墜落・転落の恐れのある箇所に先行して親綱が設置してあるため、作業員が自ら進んで安全帯を使用することにより安全施工の確保につながった。 ・作業環境の向上により、作業員全員の安全意識向上が図られた。

活動内容 改善事項の図、写真	① 現場搬入後、アンカー金物に親綱支柱を設置した状況 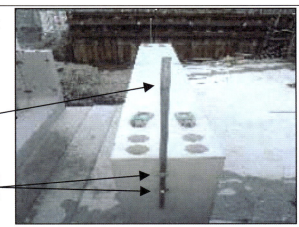 ② 親綱支柱に親綱を張った状況  ③ ボックスカルバート据付状況  ④ 据付けを完了した箇所から親綱設備を、単管を使用した転落防止柵に置き替えた状況 
	① 現場搬入後、アンカー金物に親綱支柱を設置した状況

墜落・転落	013	区分	ハード部門（土木）
タイトル	橋脚築造工事における先行手すり足場		
動機・改善前の状況	橋脚（ハイピア）築造のため、高さ約40m足場が必要であった。通常地上で大組みした足場を吊り込み設置する場合、作業員が組み立て途中（躯体側）の足場最上段に乗り作業を行う。しかしその状態では親綱程度しか安全柵を設置できず墜落・転落の危険性が非常に高かった。		
改善・実施事項	地上で足場を大組みする際に、大組みする足場（これから設置する足場）最上段に先行手すりを設置することとした。		
改善効果	地上で大組みした足場最上段に先行手すりを設置・組み立てることで、その上にさらに足場の嵩上げをする場合の手すり（安全柵）となり、安全性が向上した。また親綱より堅固であり作業員の安心感も増加した。		
活動内容 改善事項の図、写真			

Good Practice!

墜落・転落	014	区分	ハード部門（土木）
タイトル	作業用通路の設置		
動機・改善前の状況	ケーソン鉄筋組立時、隔壁部への移動時昇降設備を多数設置していた。		
改善・実施事項	隔壁部分に人通孔を設置（鉄筋を切る）した。		
改善効果	隔壁部の鉄筋組立・内部脱枠作業における移動時の墜落防止対策となった。		
活動内容 改善事項の図、写真			

墜落・転落	015	区分	ハード部門（土木）
タイトル	橋梁工事における転落防止手すり及び作業通路		
動機・改善前の状況	従来は床版上を資材置き場に使用し、転落防止は安全ロープ等により行っていたが、転落が不安であった。		
改善・実施事項	転落防止用手すり及び作業通路を設置し主桁のスターラップの転倒防止も行うことができた。		
改善効果	1．作業通路が桁側面の場合は段差があったが段差の解消になった。 2．転落防止手すりの設置により転落防止の効果が発揮できた。 3．主桁のスターラップの転倒防止も行えた。		
活動内容 改善事項の図、写真			

Good Practice!

墜落・転落	016	区分	ハード部門（土木）
タイトル	ケーソン中詰作業時の着脱式作業足場		
動機・改善前の状況	通常はケーソン天端上を通路としており、中詰作業と近接するため重機との接触、転落の危険性が大きい。		
改善・実施事項	ケーソン壁から張り出して固定する足場を設置した。		
改善効果	中詰作業から隔離することができ、安全性が向上し、さらに重機との接触防止・転落防止と足場を一体化することで作業効率の向上を図ることができた。		
活動内容改善事項の図、写真	張り出し足場／ケーソン天端		

墜落・転落	017	区分	ハード部門（共通）

タイトル	山留め工事における安全帯取付け金物
動機・改善前の状況	墜落の危険があるが、作業床の設置が困難な場所に親綱を設置する作業等で安全帯を使用するために考案した。
改善・実施事項	① 対象 ・山留め工事等での墜落・転落防止 ② 概要 　1）安全帯をかける金物の製作 　　・30cmの長さに切った単管パイプの両端にキャッチクランプを取り付ける。 　2）使用方法 　　・山留め材や中間杭に用いるＨ型鋼のフランジ部分にクランプを固定し、単管部分に安全帯のフックをかけて使用する。
改善効果	・誰でも、どこででも簡単に製作でき、軽量なので個人携帯も可能、標準の腰道具であるラチェットで、縦・横どちらでも簡単に着脱できて使い易い。 ・これにより安全帯を確実に使用でき、手すりや親綱を設置する作業での墜落・転落防止が推進できた。
活動内容 改善事項の図、写真	安全帯取付け金物 使用状況

Good Practice!

墜落・転落	018	区分	ハード部門（共通）
タイトル	安全帯の掛け替え不要金具		
動機・改善前の状況	切梁上での移動の際、親綱中間固定金具付近（中間杭付近）では、安全帯フックを一度親綱から取外す必要がある。このような場合うっかりミスから墜落することが考えられた。		
改善・実施事項	親綱中間固定金具付近を移動する時に安全帯フックを取外さなくてもよい親綱中間固定金具を考案し、安全帯フック掛け替え時のうっかりミスによる墜落を防止する。		
改善効果	切梁点検時や設置・解体作業時に親綱からフックを外すことなく移動することができるようになり、安全帯フック掛け替え時のうっかりミスによる墜落を防止することができた。		
活動内容 改善事項の図、写真	フック掛け部分		

墜落・転落	019	区分	ハード部門（共通）
タイトル	二丁掛け安全帯チョッキ着用及び二丁掛け訓練台		
動機・改善前の状況	・梁上等高所作業の移動時に、親綱支柱と親綱支柱の隙間を渡る時一丁掛けでは危険であった。 ・誰が、高所作業する作業員か、区別ができなかった。 ・二丁掛け安全帯の意識が低かった。		
改善・実施事項	・朝礼後（手順） ① 業者別高所作業者（チョッキ着用）が、朝礼台に上がり、設けた手すりに一丁目のフックを掛け「安全帯ヨシ」と指差し点呼する。 ② 反対側の手すりに二丁目のフックを掛け、「安全帯ヨシ」と指差し点呼する。 ③ 二丁掛けの安全の確認後「安全帯ヨシ」と指差し点呼する。 ④ 一丁目の安全帯のフックを外す。 ⑤ 二丁目のフックを掛けたまま移動して、朝礼台を降りる手前で「安全帯ヨシ」と指差し点呼して二丁目のフックを外し降りる。		
改善効果	・高所作業の移動時等に対する墜落災害防止対策の効果をより高めることができた。 ・誰が高所作業をするか、区分をすることによる自己意識の高揚を図ることができた。 ・高所作業の作業員を特定することができた。		
活動内容 改善事項の図、写真			

Good Practice!

墜落・転落	020	区分	ハード部門（共通）
タイトル	移動用はしごの色分け（長さを色別に）		
動機・改善前の状況	3種類の移動はしごを使用しているので区別がつかない。適正使用（長さ）と、固定方法にばらつきがあった。		
改善・実施事項	3種類の移動梯子が識別できるように色分け表示した。 （3m：黄、4m：赤、5m：青） あらかじめ高さが決まっているので指示がし易い。 頭部固定金具の位置が定まるので安全使用できる。		
改善効果	作業員が移動はしごの安全使用について徹底できる。		
活動内容 改善事項の図、写真			

墜落・転落	021	区分	ハード部門（共通）
タイトル	メッシュシート色で昇降階段位置を表示		
動機・改善前の状況	建物の全体形状が複雑なため、新規入場者から昇降階段の位置が分かりづらい、という声が数多く寄せられた。		
改善・実施事項	メッシュシートの一部を青色のシートに変えることにより、昇降階段の位置が誰にでも一目で分かるようになった。		
改善効果	昇降階段の位置が分からないという苦情がなくなり、新規入場者教育時にも、「青いシートが階段」という説明のみで済むようになった。		
活動内容改善事項の図、写真			

Good Practice!

墜落・転落	022	区分	ハード部門（共通）

タイトル	ベアリング金物を利用した安全ネットの開閉改善
動機・改善前の状況	シールド工事等の立坑の開口養生 　安衛則では、高さ2m以上の開口部には覆い等を設けることになっていて通常はワイヤー、シャックル等の組み合わせで安全ネットを取り付けていたが、長期の大きな立坑での開口のネットの開閉が安易に行われていなかったり、たるみが出て見栄えが悪かったりしていたためパイプにそってスムーズに移動できる方法を考えてみた。
改善・実施事項	移動金具を製作したが、移動がスムーズでなく、機械メーカーのベアリング内蔵の単管の径にあう金具を見つけ採用した。 設置方法 　1．立坑の開口養生の天端の両側に単管パイプを溶接固定する。 　2．ベアリング金具にリング状の金物（養生用ネット取付け金具、開閉用ロープ取付け金具）を取り付け、必要数単管端部から通す。 　3．ベアリング金物に安全ネットをシャックルで固定する。 　4．最先端のベアリング金物に綿ロープを縛り、反対側の端部に滑車を取り付け、それに綿ロープを通す。綿ロープ端部を引くことで安全ネットを容易にたたむことができる。
改善効果	1．ベアリング金具が手で押しただけで滑り、端部の金具に取り付けたロープを引くことで連続的にベアリング金具が滑るように移動し、安全ネットがたたまれる。 2．単管に沿ってネットが張られるため、たるみがなく見栄えが非常に良くなった。 3．開閉作業は1人でも可能でしかも短時間で行うことができるようになった。
活動内容 改善事項の図、写真	現在施工中の現場 単管パイプとベアリング金具

活動内容 改善事項の図、写真	

リニアゴールベアリング　ソリッド・シェル形

四条ないし九条のボール列が外輪（外筒）内に等配され、ボール列は保持器に案内されながらアキシアル方向に循環し、軸上を無限直線運動をする軸受である。回転運動はできない。

ＫＬＭ‥Ｐは外輪・鋼球・保持器で構成され、外輪と保持器を扇状に、ボール列の一条分（50°〜60°）取り除いている。このため、軸が中間部で支柱や支持台で支えられている構造でも、軸受はこれを通過することができ、ハウジングで外輪を径方向に加圧することによって、内接円径を縮めて軸とのラジアルすきまを調整することができる。正確で円滑な無限直線運動をする。

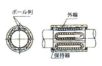

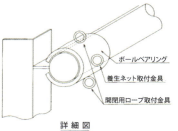

詳細図

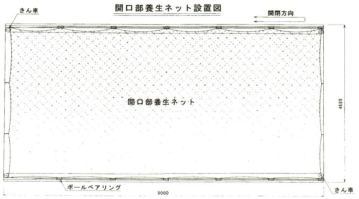

開口部養生ネット設置図

開口部開閉状況

ネットとベアリング金具

墜落・転落	023	区分	ハード部門（共通）
タイトル	地下掘削工事における開口部養生		
動機・改善前の状況	夜間作業における毎日の開口部設置（養生）作業に手間がかかり、作業効率が良くなかった。		
改善・実施事項	走行可能で伸縮できる開口部養生枠を作成。		
改善効果	開口部設置（養生）作業の効率がアップし、養生枠を使用することにより安定した転落防止柵を設置することができた。サイズも使用する単管の長さを変えることにより開口部の大きさに合わせることができる。		
活動内容 改善事項の図、写真			

Good Practice!

墜落・転落	024	区分	ハード部門（共通）
タイトル	開口部転落防止養生枠上昇設備		
動機・改善前の状況	シールド工事において工事用地の制約により地上に資機材を仮置することができない。そのため資機材は、立坑開口部脇に運搬車両を横付けし、直接立坑内へ投入するのであるが、車上での作業は転落の危険を伴うものであった。		
改善・実施事項	立坑開口部の養生枠を上下可動な設備とし、車上作業の際は養生枠を上昇させて作業することとした（養生枠は電動で上下に可動する構造とした）。		
改善効果	車上作業でも十分な手すりの高さを確保することができ、荷下ろし作業を安全で効率的に行うことができるようになった。		
活動内容 改善事項の図、写真	通常の養生枠の高さ 養生枠を上昇させた状態 		

Good Practice!

墜落・転落	025	区分	ハード部門（共通）

タイトル	型枠昇降用移動はしご
動機・改善前の状況	従来、最上階のコンクリート型枠へ昇降するための専用の設備がなく、やむを得ず「安全性が十分といえないはしごの使用」、あるいは手間を掛けて「足場から出入りできる通路の設置」などを行っていた。
改善・実施事項	・掴みやすい安全な手すりと手すり棒がついている。 ・最上段のステップは幅が広く安全。 ・型枠の上桟に固定できるフックがついている。 ・自動ロック式折畳み金具がついて２つ折りできる。 ・すべりを起こしにくいゴム脚がついている。
改善効果	「手すり付はしご」は、最上階のコンクリート型枠に安全に昇降することのできる「型枠昇降専用のはしご」である。高い収納性と運搬性を発揮し、手間を掛けることなく、安心して使用できる。
活動内容 改善事項の図、写真	

Good Practice!

墜落・転落	026	区分	ハード部門（共通）
タイトル	トレーラー荷台用親綱支柱		
動機・改善前の状況	トレーラーにて搬入された鋼材は、荷によっては高さ2.0 m以上での玉掛け作業が発生するため、墜落等の危険を防止する簡便な防止方法が望まれた。		
改善・実施事項	トレーラー荷台の横落ち防止用スタンションの差込穴（100mm × 100mm）を活用し、その穴に合う親綱用支柱を製作し、鋼材等の積み卸しの際にそれを穴に差し込み緊張器で親綱を張り安全帯を使用し、玉掛け荷卸し作業を実施した。		
改善効果	トレーラー荷台の左右端部での作業に対して墜落等に対する安全性が向上した。		
活動内容 改善事項の図、写真			

Good Practice!

墜落・転落	027	区分	ハード部門（共通）

タイトル	搬入資材玉掛け用昇降足場
動機・改善前の状況	トレーラーからのボックスカルバート荷下ろし・玉掛け作業は高さ4mの作業となり、従来は梯子で昇降していたが、300函と荷下ろし作業回数が多いため、ボックスカルバート上への昇降に対して墜落災害の防止対策が必要であった。
改善・実施事項	ボックスカルバートへの専用昇降設備を作製・設置し、ボックスカルバート上への昇降を容易にし、墜落災害の防止を図った。
改善効果	従来の梯子による昇降に比べ極めて安全が確保され、ボックスカルバートの荷下ろし時の墜落災害は発生せず、昇降設備の設置による効果がみられた。
活動内容 改善事項の図、写真	

墜落・転落	028	区分	ハード部門（共通）
タイトル	ローリングタワーに使用した安全帯取付け設備による車上転落防止対策		
動機・改善前の状況	トラック荷台上での積荷の固定・解除や玉掛け作業は、高所作業となり転落災害が予測されたが、安全管理の責任範囲が不明確なため、転落防止措置はあまりとられていなかった。		
改善・実施事項	運転手や作業員がトラック荷台上での作業時に、安全帯を使用できるような単管とローリングタワーで架設した安全帯取付け設備を設けた。 　また、移動式にすることにより、①作業に伴うトラックの移動を最小限にでき、②不用時は片付けることができ、限られたヤードを有効に利用できた。		
改善効果	運転手もすすんで利用するようになり安全性が向上した。		
活動内容 改善事項の図、写真	車上転落防止設備 車上転落防止設備		

墜落・転落	029	区分	ハード部門（共通）
タイトル	資材搬入トラックの墜落防止設備等		
動機・改善前の状況	一般的にトラック荷台の高さは1.2mと高所作業ではないとの認識でいたが、積み下ろしの際に荷の上に昇って玉掛け作業を行うと高さ2mを超えた高所作業となるため、墜落防止設備が必要と考えた。		
改善・実施事項	荷台のアオリの鉄板部に支柱受けパイプを溶接し、角パイプを支柱とし、親綱を張り安全帯を使用できるようにした。アオリにブラケット式の補助金具をつけ、アオリを作業床として使用できるようにした。		
改善効果	積荷作業、玉掛け作業のときの危険が予防できた。作業する当事者も危険を感じる度合いが軽減され、余裕を持って作業ができるようになった。		
活動内容 改善事項の図、写真	   親綱中間支柱追加／トラック携帯用昇降設備／隙間はチェッカープレートで塞ぐ／アオリ受けをブラケット式に加工		

Good Practice!

墜落・転落	030	区分	ハード部門（共通）
タイトル	車上での玉掛け作業の時の隣接足場を利用した墜落防止対策		
動機・改善前の状況	車上でＰＣａ床版を玉掛けする際、地上より２ｍ以上になるため、墜落災害の恐れがあった。		
改善・実施事項	荷取り場横の足場を利用し、ブラケットを取り付け、親綱を張り、玉掛け作業の際に、安全帯を使用できるように墜落防止を図った。荷の上への昇降は足場昇降を利用するようにした。		
改善効果	墜落災害防止が図れ、さらに日常的にある見落としがちな作業においても災害防止対策を行い、改善する姿勢が見られるようになった。		
活動内容 改善事項の図、写真			

墜落・転落	031	区分	ハード部門（共通）
タイトル	土砂運搬時の飛散養生作業の昇降設備および転落防止対策		
動機・改善前の状況	高速走行のため、荷台に養生シートを取り付けているが、ダンプトラックの昇降タラップは効率が悪く、安全性にも欠けている。また、作業時の荷台からの転落防止対策も考える必要があった。		
改善・実施事項	荷台への昇降階段を設置、停車位置を一定に保つために門形構造とした。安全帯、安全ブロックを設け転落防止対策とした。		
改善効果	荷台への昇降、安全性の確保。作業効率を向上させることができた。 安全帯、安全ブロック使用により作業への安全認識の向上と、転落防止対策を成すことができた。また、積み荷の確認も速やかにできるようになった。		
活動内容 改善事項の図、 写真	※安全帯、安全ブロック　　積み荷確認点検者 昇降階段		

墜落・転落	032	区分	ハード部門（共通）
タイトル	マンホール昇降時専用梯子		
動機・改善前の状況	マンホールへの昇降時には、最上部に突き出しがないため昇り降りがしにくく、またセルフロック等安全設備を取り付ける箇所がないため、昇降が不安全となる。		
改善・実施事項	マンホール昇降時設置する専用梯子を製作した。専用梯子は持ち運びが可能な軽量なもので、マンホールの足掛け金物に差込んで固定できるようにした。また、設置時に地上に60cm以上突き出るものとし、昇降が容易にできるものとした。インバート仕上げ等の昇降時に必ず設置するよう徹底した。		
改善効果	容易に取り外し、持ち運びができるため、使用することが困難でなく、不安全行動がなくなった。		
活動内容 改善事項の図、写真			

Good Practice!

墜落・転落	033	区分	ハード部門（共通）
タイトル	チェッカープレートを使用した開口養生		
動機・改善前の状況	（改善前の状況） 　合板足場板で裏に桟木を打ち、動かないようにして養生していた。 （動機） ・段差による、つまずき転倒の恐れ ・長期使用による破損 ・開閉時の不便 ・水漏れ（雨水等）による強度不安		
改善・実施事項	・開口部の大きさにより約8cm程度大きい「チェッカープレート」（厚さ1.6mm）の裏にアングルを溶接し動かないように固定する。 ・開閉を容易にするため、収納式の取っ手を取り付けた。 ・滑り止め対策として「チェッカープレート」を採用した。 ・水漏れ（雨水等）による錆防止対策として錆止めをする。		
改善効果	・段差が無いため、つまずき転倒の恐れがなくなった。 ・転用ができる（次の現場でも使用可）。 ・見た目（印象）が良い。 ・破損が無い（耐久性に優れている）。		
活動内容 改善事項の図、写真	（使用状況－1）閉じた状態　　　（使用状況－2）閉じた状態 （使用状況－1）開いた状態　　　（使用状況－2）開いた状態		

墜落・転落	034	区分	ハード部門（共通）
タイトル	エキスパンドメタルを用いた丁番付開口部蓋		
動機・改善前の状況	荷揚げ用開口部を合板等でふさいでいたが、外した蓋を荷揚げ後に復旧する際、近くに蓋がなく開放状態のまま放置されることがあった。		
改善・実施事項	エキスパンドメタルに丁番金物を付けて開閉式の蓋とし、アンカー止めした。		
改善効果	閉め忘れや蓋の紛失がなくなり、荷揚げ後の蓋の復旧が完全に行われるようになった。また、蓋がエキスパンドメタルでできているため、下の様子も確認できる。		
活動内容 改善事項の図、写真			

墜落・転落			

Good Practice!

墜落・転落	035	区分	ハード部門（建築）
タイトル	ネットクランプ撤去治具		
動機・改善前の状況	鉄骨建て方時に張った水平ネットを外した後に、ネットクランプを撤去する際、デッキ上で可搬式作業台や脚立を用いて行っていたが、足元が不安定で転落災害が心配であった。		
改善・実施事項	伸縮棒に取り付けた撤去用治具を製作し、デッキ上から可搬式作業台や脚立を使わずにネットクランプを撤去できるようにした。		
改善効果	危険な作業なしでネットクランプの撤去ができるようになると共に、作業効率やクランプの転用率が向上した。		
活動内容 改善事項の図、写真	 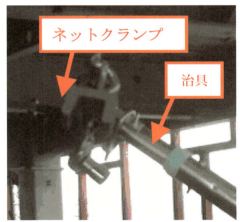		

Good Practice!

墜落・転落	036	区分	ハード部門（共通）
タイトル	土留支保工上の安全通路		
動機・改善前の状況	揚重機等の合図者が不安全な場所・姿勢で行う場合があり、安全な場所で行えるようにしたい。		
改善・実施事項	土留支保工の最上段に合図を安全に行える通路を設置した。		
改善効果	揚重機等の合図に安全通路を使用することにより、重機の作業半径に立ち入ることなく、安全な場所かつ荷卸場所が目視で確認できる場所で合図が行えるようになり安全作業に大きく貢献している。また、関係各所の視察、見学会等でも現場全体を安全に巡視できるので、好評を得ている。		
活動内容 改善事項の図、写真	 現場全体  安全通路		
墜落・転落			

墜落・転落	037	区分	ハード部門（共通）

タイトル	点字ブロックシートを用いた可搬式作業台端部の注意喚起
動機・改善前の状況	作業所において、可搬式作業台から転落しそうになるヒヤリ・ハットが発生した。作業員への聴き取りにより、作業に熱中しすぎて足元の確認がおろそかになったことが判明した。
改善・実施事項	作業に熱中しても可搬式作業台の端部にいることが分かるよう、シート状の点字ブロックを立ち馬の端部に貼った。
改善効果	安全靴を履いていても足裏で点字ブロックの凸凹を感じ取ることができるため、転落災害の防止に効果があった。また、作業員の評判も良好であった。
活動内容 改善事項の図、写真	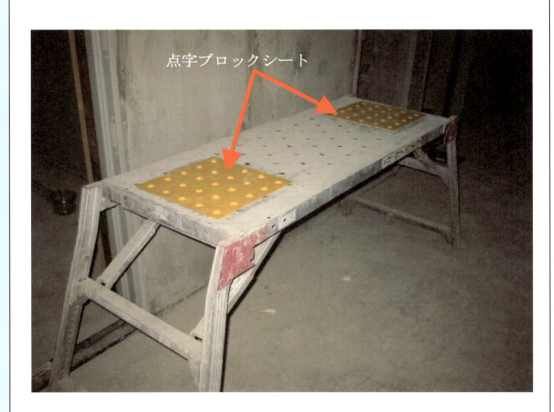

墜落・転落	038	区分	ハード部門
タイトル	親綱を設置するための特殊な金物を柱鉄筋頭部に設置		
動機・改善前の状況	梁型枠やハーフＰＣ床板を設置するに当たり、親綱をどのように設置すれば作業が迅速に行えるか悩んでいた。たくさんある梁の方向に親綱を張るには、面倒な設備と設置時間を要する。		
改善・実施事項	写真のような円筒形の金物を特注製作して柱の鉄筋頭部に差込み、ボルトにて締め付ける。親綱は頭部のＵ字型のフックに掛ける。鉄筋径Ｄ41からＤ29まで対応可能になっている。金物は柱の2方向に対応するため、32柱×2方向＝64個製作した。		
改善効果	大げさな親綱設置設備を設けることなく、柱間にスピーディに親綱を渡して安全帯をそれに掛けながら施工できた。		
活動内容 改善事項の図、写真	  		

Good Practice!

墜落・転落	039	区分	ハード部門
タイトル	ダンプ積荷の飛散防止シート掛け用設備の改善		
動機・改善前の状況	残土の運搬経路における粉じんや土砂の落下による歩行者・一般車両への影響防止のため、ダンプ積荷へ飛散防止シートを掛ける。ダンプ荷台へ昇降する際、通常、ダンプ側面に設置されているタラップを使用するが、幅が狭く滑りやすい形状となっている。特に、雨天時や強風時には、昇降中に墜落する可能性があり、また荷台上でのシート掛け作業中、荷台の端部から転落する可能性もあり非常に危険である。		
改善・実施事項	タラップを使用せずに荷台へ昇降することができ、さらに、荷台上での作業時に安全帯を使用できる構造の設備を設置した。		
改善効果	ダンプ荷台への昇降および、荷台上での作業を安全にすることができ、墜落災害の防止に繋がっている。		
活動内容 改善事項の図、写真			

墜落・転落	040	区分	ハード部門
タイトル	足場、躯体間の水平落下養生の不備改善		
動機・改善前の状況	外部足場と躯体間は飛来落下防止のため、隙間300mm以内については、従来開閉式のブラケット金物を足場の建地に取り付けて小幅ネットを結束していた。 ① 法改正により、足場躯体間のこの水平養生の規定は厳しくなり、かなり神経質に隙間を埋めることを要求されるようになった。 ② 躯体施工時は、隙間300mm以内では型枠工事の時はフォームタイを含めると160mm出てくるので、残りの隙間は140mm以内となるが、その部分は水平落下養生を施さなければならない。 ③ 型枠工事が終わると、型枠がなくなる部分はかなり隙間が気になり、上階躯体時の下部分仕上げではコーナー等の水平養生取付けがうまくできない。 ④ 昨今建物の外壁が複雑になり、出隅、入隅が多く、隙間があいてしまい不具合が生じる。 ⑤ 外壁仕上げ工事ではこの水平養生の保守管理が追いつかず、何度も手直し作業に神経を尖らせることになり、足場の点検では必ず指摘する内容、あるいは指摘を受ける内容であった。		
改善・実施事項	・特にコーナー出隅を（クランプ付ネット）270mm×270mm金物で固定することによって、水平ネットを水平かつ直線的に取り付けることができるようになる。 ・躯体隙間、コーナー等のたるみがなくなる。 ・仕上げ時、コーナー出隅を固定し結束するので外されなくなる。 ・跳ね上げ式は、墨出しや外壁仕上げ施工時、一時的に跳ね上げても戻す意識がでる。		
改善効果	・足場全体はコーナーがしっかり直線的に出来上がっているため、現場全体がすっきりときれいに見えて安全意識の高揚につながる。 ・以前は水平ネットは丸めたり、たぐったりして水平落下防止が機能していない状態だったが、それがまったく無く良好になる。 ・水平ネット上がゴミ溜め状態になりがちな以前の作業所に比べて、ゴミがあまり存在しなくなり外壁業者も一日のうちで清掃を行うようになる。 ・コスト面では、従来この水平ネット復旧に、保守整備として労力を費やしていたが、やはりこのコーナー金物取付け整備は型枠脱型後にまわるために多少割高になるが、上記の内容を考慮すれば十分効果がある。		
活動内容 改善事項の図、写真			

墜落・転落	041	区分	ハード部門

タイトル	スラブ施工部分と外部足場との間の墜落防止措置について
動機・改善前の状況	スラブ施工時においては、外部足場の色々な場所からスラブ上に移動することが多く、一定の場所を決めて渡り通路とすることが難しかった。
改善・実施事項	スラブ型枠高さの外部足場に伸縮ブラケットを取り付け、足場板を敷設する事で開口部をなくした。
改善効果	墜落の恐れがある開口部をなくす効果だけではなく、スラブ端部の施工時に足場上にて作業ができるため作業効率もあがった。既製品の仮設材を使用しているためコスト面でも負担がかからなくて済む（伸縮ブラケットは外部足場の落下防止用の層間ネット設置の余りプラスαで活用できる）。
活動内容 改善事項の図、写真	伸縮ブラケット+足場板にて開口部を無くす。

墜落・転落	042	区分	ハード部門
タイトル	建築現場における、施工済み（手すり最終施工）躯体部分と外部足場との間の墜落防止措置について		
動機・改善前の状況	建築現場では、躯体が完了している通路やベランダ部分で手すり等を最後に設置することが多く、手すり等が設置されるまでの長い間外部足場と躯体との間に開口部ができていた。また部屋内の作業を行う際に通路やベランダ部分に資材を置いたり加工作業を行ったりでとても危険な場所であった。		
改善・実施事項	外部足場に、伸縮ブラケット（クランプ付き）を取り付け、単管を横方向につなぐことで墜落防止措置を行った。		
改善効果	ブラケット＋単管で手すりを設ける事、また手すりに「作業通路」や「安全帯着用」などの啓蒙看板を掲示することで、不要な材料等を置かなくなったり、作業時は安全帯を使用することで安全にかつ、きれいに使用することができた。		
活動内容 改善事項の図、写真	 伸縮ブラケット（クランプ付き）+単管にて手摺を設置。		

墜落・転落	043	区分	ハード部門
タイトル	鋼管溶接時における溶接用作業足場の改善		
動機・改善前の状況	鋼管頂部における溶接施工には過去の災害事例から以下の危険有害要因が考えられる。 1．昇降時に直梯子などを斜めに掛けて昇降するため、梯子が滑り墜落する。 2．鋼管頂部の溶接時には、周囲の土留め材を利用した親綱に安全帯を設置するが、掛け替え時に墜落する。 3．視界の狭い溶接保護具を使用した不安定な溶接作業姿勢により感電する。		
改善・実施事項	溶接時の安全な昇降設備と安定した溶接作業姿勢の確保と共に、軽量で移動可能な作業足場の改善を図るために、昇降と溶接足場を兼ねた設備を設置した。 1．安全帯を掛ける手すりの設置 2．移動可能なローラーを管軸方向に設置 3．作業に合わせた高さの調整と共に作業構台固定用の単管を脚部に設置		
改善効果	1．鋼管頂部への昇降時の安全性が向上する。 2．溶接作業時は安定した状態で作業ができ、安全帯の取り外しも安全で容易となる。 3．保護具を装着した状態でも手すりに溶接姿勢が固定でき、安全性の向上と溶接の品質が確保できる。 4．推進掘進時は、ローラー設置により管との共移動が防止できる。 5．軽量でコンパクトであり、設置・撤去に手間と時間を要しない。		
活動内容 改善事項の図、写真	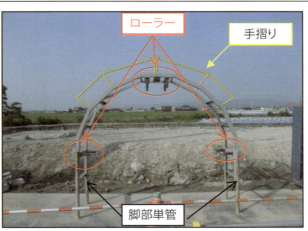		

Good Practice!

墜落・転落	044	区分	ハード部門
タイトル	梯子の足下固定強化、手すり設置		
動機・改善前の状況	揚土トレミー船から土運船に移る際、お互いの船の高さが船により変わるため、梯子により渡ることが必要になることがある。波が荒く船が上下に動いている時や、甲板が濡れている時、梯子の足下が滑りやすくなり船と船の間に落ちる危険性がある。		
改善・実施事項	梯子の足下強化のため、アウトリガーを取り付けたものと、足下に強力磁石（ネオジム磁石、吸着力：30kg）を付けたものの2種類を用意し、船の形状により使い分けた。また、梯子に手すりを付けてステップに手をかけず手が離れないように改善した。		
改善効果	梯子の足下の固定が改善された。また、手すりを付け、手を離すことなく梯子を昇降できるので安心感が向上した。		
活動内容 改善事項の図、写真			

2　転　倒

転　倒	001	区分	ハード部門（土木）
タイトル	トンネル坑内安全通路に関する工夫（通路の確保）			
動機・改善前の状況	安全通路区画明示の柵高さを1.2mにしていたため、歩行中に手に当たるなど窮屈な歩行を強いられていた。また、通路は砕石敷きであったが、歩行時に跳あげにより砕石が散乱するなどの問題があった。			
改善・実施事項	区画明示の柵を40cmまで下げて、歩行上の有効空間に余裕を持たせた。また、砕石上にAs乳剤を散布して散乱防止に努めた。			
改善効果	高さを下げたことにより、歩行中に手が柵に接触することなく楽な姿勢で歩行することができるようになった。また、散乱防止により、歩行及び維持管理が容易になった。 　ちなみに、所轄労基署臨検の際に、改善策に対し高い評価を受けた。 （法解釈上も問題ないことを確認）			
活動内容 改善事項の図、写真				

Good Practice!

転　倒	002	区分	ハード部門（共通）
タイトル	暗い場所におけるチューブライトを利用した作業通路の明示		
動機・改善前の状況	最近の建築現場にて建物の階高が高い傾向が多い中、型枠支保工として枠組支保工を採用する現場が多い。その中で階下の枠組支保工組内の作業通路を確保（明示）することが必要とされる。 　これまではスズラン灯での通路照明と通路位置標示を兼ねて取り付けることが多かったが、スズラン灯ではどうしても電球の球切れや断線などによりその役目が十分とは言えなかった。 　また、枠組支保工の煩雑さから、その昇降設備がどこにあるかが判別し難く、現場入場して時期が浅い作業員などは昇降階段を使用せず、安易に枠組をよじ登るといった不安全行動をとる作業員がおり、墜落災害の要因でもあった。		
改善・実施事項	・作業通路の照明としてはスズラン灯を取り付け、その作業通路であることを明示にするため赤色チューブライトを設置した。 ・チューブライトには点滅機能付きのものを採用し、より分かりやすくした。		
改善効果	・新規入場の作業員はもちろんのこと、現場へ初めて来所した来客に対しても、一目瞭然で作業通路であることを明確にでき、迷路となりがちな支保工組内の作業通路をスムーズに行き来できた。 ・作業通路としての明確効果でその部分に資材などを置くことなどがなくなり、作業員への作業通路確保の意識向上が図れた。		
活動内容 改善事項の図、写真	作業通路としての標識及びスズラン灯・チューブライトでの標示状況 チューブライトでの通路標示状況		

Good Practice!

転　倒	003	区分	ハード部門（共通）
タイトル	型枠支保工内部の安全通路明示		
動機・改善前の状況	躯体が複雑な形状であり、型枠支保工やパイプサポートが乱立しているため作業通路確保が難しかった。		
改善・実施事項	ビニールテープ（荷つくり紐）による作業通路の明示を行った。		
改善効果	作業通路をわかり易くすることで作業員の移動がスムーズになった。 また、資材の整理が促進され、コストのわりに充分な作業環境の改善がみられた。		
活動内容 改善事項の図、写真			

Good Practice!

転　倒	004	区分	ハード部門（共通）
タイトル	滑り止めテープによる昇降階段の凍結対策		
動機・改善前の状況	冬期には、枠組足場に設置された階段を昇降する際、凍結により作業員の転倒・転落が予想されたため、凍結防止対策が必要であった。		
改善・実施事項	階段ステップ部に滑り止めテープを貼り付け、足場凍結時の滑り止め対策とした。		
改善効果	凍結時においても昇降階段での転倒・転落災害を防止できた。 色付きテープの使用により、階段のステップ自体が見やすくなったため、通常の昇降時においても安全性が向上した。		
活動内容 改善事項の図、写真	（滑り止めテープ）		

Good Practice!

転　倒	005	区分	ハード部門（土木）
タイトル	メッシュロードを用いた捨石上の安全通路		
動機・改善前の状況	躯捨石のサイズが大きく、歩行が困難でつまずきや転倒が多かったため、歩きやすい安全通路の確保が課題であった。		
改善・実施事項	メッシュロードを捨石上に敷くことによって、歩行を容易にした。		
改善効果	つまずきや転倒がなくなったばかりでなく、歩行速度も上がり作業の効率も良くなった。		
活動内容 改善事項の図、写真			

転　倒	006	区分	ハード部門（共通）
タイトル	階段段差部　段差養生材設置		
動機・改善前の状況	鋼製階段昇降時において踏み面先端部分の段差に足底面が乗ったときに体のバランスを崩し、またはつまずいて、転倒、滑落により足、及び足首に損傷を負う危険性があった。		
改善・実施事項	階段踏み面段差部分に厚みのある鋼製アンチスリップを敷き、段差をなくすことにより昇降時の安定を図る。		
改善効果	踏み面が平坦になったためつまずき、接地の不安定な状態によるバランスを崩しての転倒、滑落災害を防止でき、さらに、作業時にも安心して通行できたため、効率の向上が図れた。		
活動内容改善事項の図、写真			

Good Practice!

転　倒	007	区分	ハード部門（共通）
タイトル	パネルゲート足元の安全対策		
動機・改善前の状況	ガイドロープに沿ってシャッターゲートを開閉する型式のため、強風時や設置箇所が斜路などの場合、ゲートが外部側へふくらんでしまうことがあり危険であった。また、つまずく事例も多かった。		
改善・実施事項	土間コンクリートに側溝を設け、ガイドロープを納めることでゲートの動きを開閉方向のみに制限した。		
改善効果	ゲート開閉の有無を問わず、外部側へのふくらみを抑えることができた。 また、土間コンクリートを打設することで、泥などで汚れやすい現場入口の環境整備につながった。		
活動内容 改善事項の図、写真			

転　倒	008	区分	ハード部門（共通）
タイトル	段差スロープ（乗り入れ部敷き鉄板の段差解消）			
動機・改善前の状況	乗り入れ部敷き鉄板の段差部分に関して、レミファルト等により施工していたが、車両等により、頻繁にレミファルトが分散してしまう。			
改善・実施事項	既製品の段差処理を使用する。			
改善効果	材料分散が防止でき、路面を汚すことがなくなった。			
活動内容改善事項の図、写真				

Good Practice!

転　倒	009	区分	ハード部門
タイトル	壁差し金フックをU型に加工し転倒・つまずき防止		
動機・改善前の状況	刺さり防止用の壁縦筋の端部180°フックは、通り抜けたりまたいだりする時に引っかけやすく、転倒やつまずきが多い。		
改善・実施事項	壁W配筋の時U型一本物に加工することで、差し金フック端部をなくした。剛性が強くなり天端段取り筋も不要になり通り抜けやすくなった。		
改善効果	フック端部や段取り筋がなくなったことで、スラブ上作業やコンクリート打設時に引っかかることがなくなり、それによる転倒やつまずきがなくなった。		
活動内容改善事項の図、写真	U型折曲げ加工／段取り筋が不要		

Good Practice!

3 激突

激突	001	区分	ハード部門（土木）
タイトル	シールドトンネル坑内の台車逸走防止装置			
動機・改善前の状況	シールドトンネル工事において、i＝270／1000と極めて急勾配な軌道上をバッテリー機関車とセグメント搬送台車等で列車を編成し、トンネル坑内を運行する計画があった。連結器の故障等によりブレーキ装置を持たないセグメント搬送台車がトンネル坑内を逸走した場合、重大な災害が発生する恐れがあるため、これを未然に防止する装置が必要であった。			
改善・実施事項	台車がバッテリー機関車より離れ、逸走した場合には、同台車に取り付けた角型の鋼材が自動的に落下し、これを枕木に引っかけて即座に台車を停車させることができる装置を製作した。			
改善効果	事前に効果確認のため、所定の勾配を有した試験軌道を敷設し、鋼車を逸走させた結果、逸走防止装置が機能し、逸走を始めた台車を即座に停車させることができた。実施工においては、台車の逸走は発生せず、逸走防止装置を使用することはなかった。			
活動内容 改善事項の図、写真	逸走防止装置 試験状況			

Good Practice!

激 突	002	区分	ハード部門（土木）
タイトル	トンネル坑口に設置する通過車両高さ制限装置（門構）		
動機・改善前の状況	高さ制限を超えた工事用車両の通過による構造物の損傷並びに架線等の切断事故が懸念された（現場内及び第三者事故を防止する）。		
改善・実施事項	工事用車両が高さ制限装置（門構）に接触すると運転者に大音量の警報を発する装置を制作し、高さ制限を超えた車両の通行を防止した。 ①　トンネル坑口部にはブランコ式の高さ制限装置（門構）を設置した。 ②　現場出入口にはゴム紐式の高さ制限装置（門構）を設置した。		
改善効果	①　この高さ制限装置を設置することにより構造物、仮設備、架線の接触を防止することができた。 ②　制限装置の構造をブランコ式及びゴム紐式としたことで車両及び制限装置の損傷を最小にすることができた。 ③　歩行者等への第三者災害も防止できた。		
活動内容 改善事項の図、写真	①　坑口に設置した高さ制限装置（ブランコ式）  ②　現場出入口に設置した高さ制限装置（ゴム紐式） 		

Good Practice!

激　突	003	区分	ハード部門（土木）
タイトル	切羽肌落ち対策としてのジャンボマンゲージの油圧伸縮式屋根			
動機・改善前の状況	ジャンボマンゲージに切羽肌落ち対策として、屋根を取り付ける方法があるが、ロックボルト等施工性の悪さが普及の妨げになっていた。			
改善・実施事項	ジャンボマンゲージに油圧伸縮式のルーフ（屋根）を取り付けると共に、マンゲージの付近で作業している者を防護するため、ゲージの側部に可倒式の屋根を設置する事とした。			
改善効果	ルーフを伸縮性にすることによって、作業性・安全性が向上した。 またゲージ側部のルーフは、金網取付け作業時に効果を表し、肌落ちに対する安全性を確保するとともに、作業効率も向上させることができた。			
活動内容 改善事項の図、写真	 ルーフセット状況 可倒式鋼製板セット状況  収納状況			

Good Practice!

激　突	004	区分	ハード部門（土木）
タイトル	トンネル工事用機械の落石防護回転式ヘッドカバー			
動機・改善前の状況	トンネル切羽作業において落石、肌落ちにより作業員が負傷する恐れがあった。			
改善・実施事項	万一の落石、肌落ち等に対処できる強固な鋼製のヘッドカバーを建設機械の作業台に設置した。また、不要なときは作業の支障にならないようヘッドカバーがサイドに移動できる回転式とした。			
改善効果	落石、肌落ちによる作業員の負傷防止など関係者の安全が確保できた。			
活動内容　改善事項の図、写真	 建設機械に取り付けたヘッドカバー			

激突	005	区分	ハード部門（土木）
タイトル	フォークリフトへの警報装置の取付け		
動機・改善前の状況	フォークリフトをシールド坑内で使用するため、電動タイプとしたが、走行音が静かで周辺の作業員がフォークリフトの接近を確認できないという問題が生じた。		
改善・実施事項	フォークリフトに回転灯と警報装置を取り付けた。		
改善効果	回転灯により遠方からフォークリフトの存在が確認でき、警鳴音により後向きでも接近を確認できるようになり、安全性が向上した。		
活動内容 改善事項の図、写真			

激 突	006	区分	ハード部門（土木）
タイトル	既設高速道路との接触防止対策		
動機・改善前の状況	施工箇所は、既設高速道路・歩道橋に囲まれた車道部だったため、クレーン作業時の接触防止対策を考える必要があった。		
改善・実施事項	１次的対策として、既設高速道路へ目印旗を設置した。また、２次的対策としてレーダー波により、クレーン等の重機接近時には警報が鳴るようにした。		
改善効果	既設高速道路との接触することなく工事が進捗している。		
活動内容 改善事項の図、写真	目印旗 / 標識 認識明示		

4　飛来・落下

飛来・落下	001	区分	ハード部門（建築）
タイトル	スラブ受桁鋼材の安全な撤去方法		
動機・改善前の状況	都市部の建築においては土地の有効利用の観点から敷地境界に近接して構造物を建てるケースが多い。その結果として施工時、搬入路確保のため、1階部及び2階部の一部を後施工することも多い。この場合、構造物を鋼製支保工で受けるが、撤去時に手間と安全施工に難点がある。 従来の難点 ①　スラブ受け鋼材撤去時、クレーン等の吊りしろがない。 ②　スラブ受け鋼材撤去時、下部に作業員が立ち入り危険となる。 ③　部材を細かく分けて解体するので、下部へ部材を落す危険がある。 ④　下部へ立ち入ることのできる作業員が限定されるので、工程上のロスがある、即ち手間がかかる。		
改善・実施事項	・施工手順と施工留意点の標準書を作成し標準化した。 ・3階床スラブに貫通孔を設け、貫通孔を利用してスラブ受桁鋼材を玉掛けワイヤー、チェーンブロックを使用して、4点吊で井桁状態で下部に吊降ろす工法とした。		
改善効果	・従前の難点①～④が改善された。 ・特に、下部へ立入をしないので作業員に対する飛来落下等の危険が回避され、安心に作業ができ、クレーン作業もなく、大幅は工程短縮になった。		

| 活動内容 改善事項の図、写真 | 支柱構台撤去手順 |

支柱構台撤去手順

【STEP1】

1. 仮設スラブ受架台（梁材、桁材、合板足場板で構成されている）の上部の3階スラブを受けているパイプサポート、水平つなぎ等を撤去する。

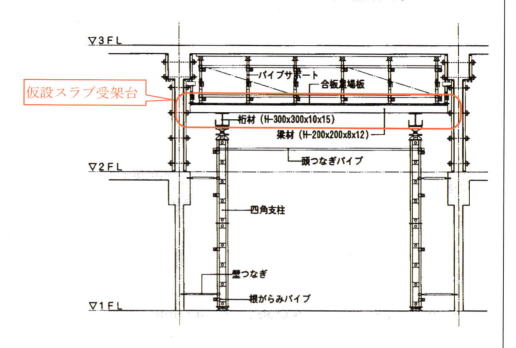

【STEP2】

2. 3階スラブ上に、チェーンブロック吊り下げ用架台を、枠組足場等を利用して組立てる。架台の高さは、チェーンブロック、玉掛けワイヤーの長さを考慮して決定する。
3. 3階スラブに事前に用意した貫通孔に、チェーンブロック、玉掛けワイヤーを通し、玉掛けワイヤーを仮設スラブ受架台の桁材に取り付ける。

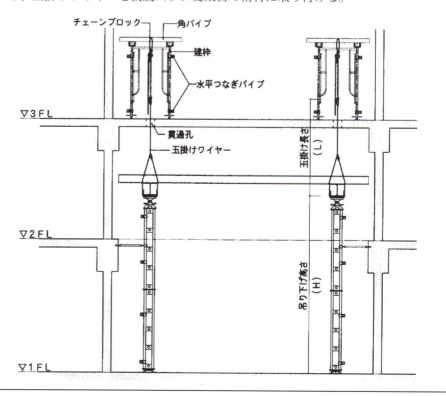

活動内容 改善事項の図、 写真	【STEP3】 4．1階床上に仮設スラブ受架台を受ける四角支柱を撤去するための足場を組立てる。 5．チェーンブロックで仮設スラブ受架台を少し吊り上げ、四角支柱の頭部をジャッキダウンする。 6．足場を用いて四角支柱を解体、撤去する。 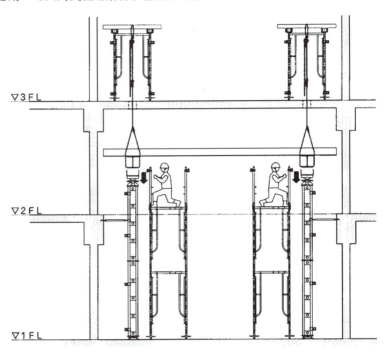 【STEP4】 7．チェーンブロックを操作して、水平を保ちながら、仮設スラブ受架台を1階床に降ろす（下部の1階は立入禁止とする）。 8．1階スラブ上で仮設スラブ受架台の梁材、桁材、合板足場板を解体する。 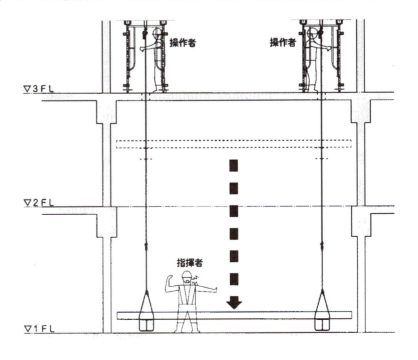

飛来・落下	002	区分	ハード部門（建築）
タイトル	鉄骨建方における先行垂直ネットはり用みぞ形鋼（チャンネル）			
動機・改善前の状況	柱建方後、梁の建方を行う際、仮ボルト等が道路側に落ちてしまう危険性が考えられた。			
改善・実施事項	先行垂直ネットはり用のチャンネルとそれを受けるブラケットを独自に製作した。これは、柱のエレクションピースにブラケットをボルトで固定し、チャンネルを受けている。			
改善効果	垂直ネットを先行してはることにより梁建方中、万が一仮ボルト等を落とすことがあっても道路側にいくことはなくなる。また、建方ごとに使用するものであるから、リース品を使用するより手間も経費もかからない。			
活動内容 改善事項の図、写真	チャンネル受けブラケット詳細			

飛来・落下	003	区分	ハード部門（建築）
タイトル	電動開閉式水平ネット		
動機・改善前の状況	資材搬入と建屋内への振込みのため、ＳＲＣ造における落下防止水平ネットの開閉に手間が掛かり、つい復旧が忘れがちになる。		
改善・実施事項	水平ネットの開閉を作業フロアから電動にて行い、搬入方法の簡略化および歩掛りの向上および作業の効率化を図る。		
改善効果	開閉式用水平ネットは、６ｍ×６ｍ（15kg）を使用し垂直方向への開閉を行い、３層分を同時に開閉できるようにした。垂直方向への開閉は、１スパンに対し電動ウインチ（100Ｖ：吊荷重160kg）を２台使用する。また付属の吊ブラケット（吊荷重280kg）を使用する。１層、２層、３層の繋ぎは、親綱８ｍ（緊張器付）を使用する。ウインチのリモコンは、１階まで下げて開閉を行い躯体工事の進捗に応じて嵩上げを行う。		
活動内容 改善事項の図、写真	水平ネット／開閉状況／リモコン操作状況／（断面図）ウインチで開閉した水平ネット／リモコン操作		

Good Practice!

飛来・落下	004	区分	ハード部門（土木）
タイトル	トンネル工事における切羽発破防護（防爆シート）		
動機・改善前の状況	トンネル作業における切羽発破では、通常、防護設備等は設けず、人員、重機は飛石の到達範囲外まで退避していたが、予想外の飛石で切羽付近の配管、電気設備が破損する場合がある。		
改善・実施事項	横断方向にメッセンジャーワイヤーを張り、防爆シートをＣリングで吊ることで容易に開閉のできる防護設備を考案した。		
改善効果	発破時の飛石が低減され、切羽付近の設備の損壊が減少した。 また、簡易的に移動ができ、施工サイクル内での設置が可能である。		
活動内容 改善事項の図、写真			

飛来・落下	005	区分	ハード部門（土木）
タイトル	ブロック製作工事におけるブロック転置用専用吊具（サスペンダー）		
動機・改善前の状況	以前はワイヤー使用による転置方法しかなく、転置に必要な強度の発現まで日数を要した。また、製品に傷がつかないようにワイヤーを養生しても接触面にはこすれ等の傷が発生した。		
改善・実施事項	３点支持及び圧縮強度のみの発現による専用吊具を使用。		
改善効果	製品に対して圧縮強度のみ作用するので転置に必要な強度の発現まで日数の短縮が図れる。また、製品との接触面が少なくこすれによる傷が発生しない。		
活動内容 改善事項の図、写真			

Good Practice!

飛来・落下	006	区分	ハード部門（土木）
タイトル	橋型クレーン稼動時での立坑上下間連絡合図方法		
動機・改善前の状況	シールド工事における発進立坑での資機材投入作業で、立坑上下間の合図連絡が徹底されず、立坑下で作業中に、吊荷が頭上を移動する状況が発生する。		
改善・実施事項	クレーンが発進立坑に接近すると、自動で立坑下のブザー及びパトライトが作動するよう、クレーン走行軌条に合図用スイッチを取り付けた。		
改善効果	自動でブザーとパトライトが作動することにより、立坑下での退避が確実に行われ、飛来落下災害の防止に効果を発揮した。		
活動内容 改善事項の図、写真	橋型クレーン軌条／合図用スイッチ		

飛来・落下	007	区分	ハード部門（土木）
タイトル	「もやいロープ」飛来防止柵		
動機・改善前の状況	船に捨て石投入するとき、船を固定する「もやいロープ」を護岸から取るが、船の揺動で「もやいロープ」が切れて護岸の方角に飛んでくることもあり、避け損ねて海に転落したり、切れたロープに当たる危険があった。		
改善・実施事項	・既設の護岸にアンカーを打つことで、単管パイプの固定が確実にでき堅牢な手すりができた。また、「もやいロープ」が飛んできたときの待避所として単管で作った手すりにネットを取り付けた。 ・海に落ちた場合を想定して救命浮環を設置した。 ・救命浮環のロープの絡まり防止にロープをペットボトルに入れて収納した。		
改善効果	捨て石投入を護岸から指示する時、万が一「もやいロープ」が切れたら逃げ場がないので、この手すりがあるおかげで安心して行えた。また、現場パトロールを行う際にもパトロール者から「安心して護岸での作業が行えるようになった」と評価を受けた。		
活動内容 改善事項の図、写真			

Good Practice!

飛来・落下	008	区分	ハード部門（土木）

タイトル	大口径深礎杭　掘削時の作業員退避小屋
動機・改善前の状況	大口径深礎杭の掘削では、坑内にバックホウやブレーカーを配置し、坑外からクラムシェルやクローラクレーンとベッセルで荷の揚降ろしを行うが、その際作業員が退避する場所がなかった。
改善・実施事項	鋼製の退避小屋を製作し、坑内に設置し、利用した。
改善効果	ベッセルからの落石が万一起こっても、退避小屋内にいることで、作業員の安全は確保された。
活動内容改善事項の図、写真	

飛来・落下	009	区分	ハード部門（共通）

タイトル	クレーン用フック警報装置
動機・改善前の状況	通常、笛等を吹いて吊荷が通っていることを作業員に知らせるが、近隣との話合いで、笛を吹いたり、大きな声を出すことができなかった。このため、作業員が吊荷に気づかず、吊荷の下に入ってしまうことがあった。
改善・実施事項	タワークレーン、クローラクレーンのフック上部に警報装置を取り付け、オペレーターが運転席でスイッチを押すと「吊荷が通ります、ご注意下さい。」という合成音が鳴るようにした。
改善効果	吊荷が作業員の近くに来ても、作業員が吊荷の下に入ることがなくなった。 また、近隣からの苦情も発生していない。
活動内容 改善事項の図、写真	

飛来・落下	010	区分	ハード部門（共通）
タイトル	揚重機による荷吊方法の作業基準に伴う落下防止網の使用		
動機・改善前の状況	市街地等において、クレーン作業中の飛来・落下が重大災害を引き起こす可能性があり、玉掛け者の技術だけに頼らない誰でもできる他の方法を模索した。		
改善・実施事項	クレーンでの揚重作業で飛来・落下災害を防ぐために考案		
改善効果	使用後の飛来・落下災害は皆無		
活動内容 改善事項の図、写真			

揚重機による荷つり方法の作業基準

〈作業前の注意事項〉
◎有資格者の確認
・運転免許（5t以上…免許または床上操作式クレーンは技能講習でも可、5t以下は技能講習、1t未満は特別教育が必要）
・玉掛け資格（1t以上…技能講習、1t未満…特別教育）
◎玉掛けワイヤーの始業前点検の実施
・直径が7％以上細くなっていないか
・1よりの間で10％以上切断していないか
・キンクしていないか
・著しく型崩れしていないか
・心鋼がはみ出していないか
・腐食していないか
・端末止め部に異常はないか
◎合図方法の確認・作業方法の決定、周知
◎立入り禁止処置の確認および周知
◎つり荷重の確認
〈参考〉単管パイプ L＝5.0m、13.5kg／本（2.7kg／m）
サポート2尺約60cm、6kg／本
サポート6尺約180cm、12.5kg／本
◎移動式クレーンの転倒防止措置
・アウトリガーの張り出し
・地盤強度が軟弱な地盤では必ず養生のこと
◎クレーンの始業前点検の確認

〈作業方法および作業中の注意事項〉
・サポートについては雌雄を交互重ねとし（図1参照）、雌のエンドプレートが必ず外側になるようにする。
・玉掛けワイヤーロープは2点つりとする（サポート、単管パイプを目通しつりするときは深絞りを基本とする）。
・番線にて、2本／箇所で両端部を結束する。
・両端部に落下防止ネットの取付け（図1、2参照）。
・長尺物は荷振れ防止対策として介錯ロープを使用する。
・玉掛けワイヤーの掛かるところが鋭角になる場合は、十分なあて物をする。
・地切り前（玉掛けワイヤーを張った状態で）の玉掛け状況確認として、各ワイヤロープの張りの均一性、位置ずれ、つり角度を確認する。
・地切り後（床面より20～30cmつり上げ）の玉掛け状況について、水平度、ワイヤロープの角度（つり角度60度以内）、張り具合、荷の状態を確認する。
・つり荷の着地時の確認（床面より20～30cm）
1. 降ろす場所の状態は良いか
2. つり荷の向きは良いか
3. 台木の位置は良いか（ワイヤロープが台木に挟まらないようになっているか）
4. 着地後のつり荷の安定は良いか
※玉掛けワイヤロープは4分ワイヤロープ以上を使用のこと
安全荷重　4分ワイヤロープ・2本つり（つり角度60度）の場合 2.20 t
JIS20mmシャックル・2本つりの場合 2.20 t

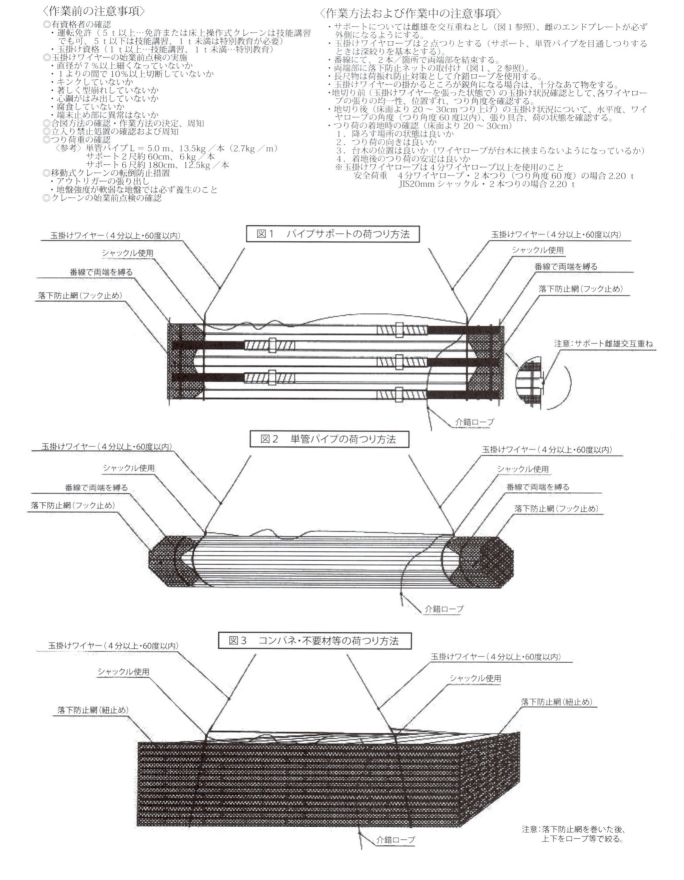

飛来・落下	011	区分	ハード部門（共通）
タイトル	丁番式スプライスプレート		
動機・改善前の状況	動機：鉄骨大型梁のスプライスプレートの改善 改善前状況：仮ボルトにてスプライスプレートの固定（仮ボルトを入れる時にスプライスプレートを持ち上げるため、落下の危険がある。）		
改善・実施事項	改善状況： 　スプライスプレートを丁番式にて事前に工場で取り付けておくことにより、従来の作業方法での、 　• スプライスプレートを荷揚げ時にボルトで固定しなくてよい。 　• 鉄骨梁を所定の位置にセットし、スプライスプレートを一旦はずし再度固定することによる、落下の危険がなくなった。 手順： ① 工場でスプライスプレートを丁番式にする（丁番は溶接）。 ② 鉄骨梁を所定の位置にセットする。 ③ 丁番式プレートを180°回転させ接合部にセットする。		
改善効果	スプライスプレートが本体鉄骨に取り付いているので、鉄骨鳶工はボルト入れに集中できる。また、高所足場上で重量物を持ち上げるなど危険作業が回避できる。		
活動内容 改善事項の図、写真			

飛来・落下	012	区分	ハード部門（共通）
タイトル	開口部からの荷下ろし警報装置		
動機・改善前の状況	覆工開口部から資材を投入する場合、合図方法として従来は １．無線 ２．ホイッスル ３．合図者の合図 等であった。しかし、連絡合図の不徹底で、資材投入時に作業員の退避が遅れるなどのヒヤリ・ハットの発生があった。		
改善・実施事項	・開口部の手すりにセンサーを、開口部下部にパトライト及びサイレンを設置した。 ・荷吊りした資材が開口部を通過時にセンサーが感知し、下部のパトライト、サイレンが作動する装置を考案した。		
改善効果	・下部の作業員へ視覚及び聴覚双方による危険連絡が可能となった。 ・退避時期が明確になり、一層の安全作業が確立できた。		
活動内容 改善事項の図、写真			

Good Practice!

飛来・落下	013	区分	ハード部門（共通）

タイトル	資材搬入時玉掛け用ブザーの採用
動機・改善前の状況	前面道路からの搬入時、道路面の棟を山越して奥の棟に搬入しなければならないため、吊荷の下の人払いが徹底できていなかった。
改善・実施事項	お守りブザーという防犯ブザーを使用（100円ショップで購入）。ブザーが鳴り、吊荷が上空を通過するのを周知させる（100dB）。
改善効果	音量も大きいため、作業員全員に吊荷が通るのを確認させることができた。 吊荷の下の人払いが徹底できた。
活動内容 改善事項の図、写真	

飛来・落下	014	区分	ハード部門（共通）
タイトル	荷ぬけ防止用鋼管吊り容器		
動機・改善前の状況	鉄筋たて吊り時、通常は布製吊り袋を使用しているが、鉄筋による損傷が激しく短期間で取り替えなければならない。		
改善・実施事項	人が頻繁に取り扱うものであるため、重さ10kgくらいを目途に鋼管を使用し、穴をあけて軽量化を図り布製吊り袋に代わるものを製作し使用した。		
改善効果	損傷がなくなり、取替えの必要がなくなった。		
活動内容 改善事項の図、写真			

Good Practice!

飛来・落下	015	区分	ハード部門（共通）
タイトル	大口径深礎杭　掘削時の大型重機吊治具		
動機・改善前の状況	坑内にバックホウやブレーカーを頻繁に投入、搬出を繰り返すので、安全にまた機械等の損傷のないよう投入する必要があった。		
改善・実施事項	H鋼で専用の吊治具を製作し、利用した。		
改善効果	バランスもよく安定して吊り込むことができ、重機の損傷もなく、完了できた。		
活動内容 改善事項の図、写真	吊治具		

飛来・落下	016	区分	ハード部門
タイトル	長尺物の吊治具の改良		
動機・改善前の状況	長尺物を玉掛けする場合、吊治具下のワイヤーが長すぎたため、玉掛け者が吊治具直下に入り込む恐れがあり、もしワイヤーの切断やクレーン操作ミスにより吊治具が落下した場合、被災する恐れがある。		
改善・実施事項	吊治具下のワイヤーを短くし、玉掛け者が吊治具の下に立ち入らないで、玉掛けができるように改造した。		
改善効果	玉掛け者が吊治具の下に立ち入らないで、玉掛けができるように改造したため、万一、ワイヤーの切断やクレーン操作ミスにより吊治具が落下した場合の災害防止に有効であった。		
活動内容 改善事項の図、写真	現　状　　　　　　　　　　　　　　　　　　吊治具　　4.4 m

改造後　　　　　　　　　　　　　　　　　　吊治具　　1.5 m | | |

Good Practice!

飛来・落下	017	区分	ハード部門
タイトル	狭い立坑における昇降設備の改善		
動機・改善前の状況	立坑の昇降設備は、既製の枠組足場材や単管・コンビステップなどの仮設材で設置する場合が多い。しかし、狭い立坑において、既製の仮設材で昇降設備を設置すると、工事施工時の材料投入開口スペースが非常に狭くなり、安全上、問題が発生する。		
改善・実施事項	鋼材を使用し、山留支保工の腹起し上の空間を利用して昇降設備を設置し、材料投入開口スペースを確保した。また、オレンジ色と目立つ色に塗装し、クレーンオペレーターへの視認性の確保を図った。		
改善効果	材料投入開口スペースを確保したこと、強調色に塗装したことで、クレーン揚重作業を安全に実施することができ、クレーン災害の防止に繋がっている。		
活動内容 改善事項の図、写真	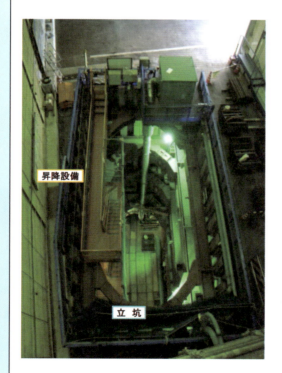 腹起し上部に通路を設置することで、立坑の開口スペースを確保	 オレンジ色に塗装し、視認性を確保	

Good Practice!

飛来・落下	018	区分	ハード部門
タイトル	ワイヤー・シャックルの実物見本		
動機・改善前の状況	一部の専門工事会社で台付けワイヤーや規格外のシャックルを持込み使用した。		
改善・実施事項	実物見本を作製。朝礼場に掲示し、教育を実施した。		
改善効果	規格外の玉掛け治具を排除することができた。		
活動内容 改善事項の図、写真			

Good Practice!

5　崩壊・倒壊

崩壊・倒壊	001	区分	ハード部門（土木）
タイトル	遠隔操縦ロボット（ロボQ）		
動機・改善前の状況	土砂崩れ等の自然災害が発生した際、被害の拡大を防ぐため、バックホウやブルドーザー等の建設機械にオペレーターが搭乗することにより、土砂を取り除く作業が実施される。しかし、２次災害の恐れがあるため、安全性の観点から迅速な対応をとりにくいのが現状である。		
改善・実施事項	土砂崩れ等の土砂除去を安全に行うには、遠隔操縦により安全な場所から建設機械を動かして作業する方式がある。 　遠隔操縦ロボット（ロボQ）は、市販のバックホウの運転席に装着して、バックホウの遠隔操縦化を可能とする技術である。ロボQを安全な場所から無線により遠隔操作することにより、掘削除去を２次災害の恐れなく実施できる。ロボQは、国土交通省九州地方整備局九州技術事務所と当社の共同開発である。		
改善効果	①　土砂崩れ等の災害復旧現場において、通常であれば作業不可能な危険箇所における土砂除去等の作業を可能とした。 ②　ロボQは持ち運び容易なサイズに分割できるので、被災地まで簡単に運搬可能であり、市販のバックホウの運転席に取り付けるだけで、短時間にバックホウを遠隔操縦化でき、災害復旧にすばやく取り掛かれる。		
活動内容 改善事項の図、写真	遠隔操縦ロボット（ロボQ）の外観		

| 活動内容 改善事項の図、写真 |  |

ロボQを搭載したバックホウ

ロボQによる土砂崩れの緊急災害復旧作業

バーチャル眼鏡

操作盤

無線による遠隔操作

Good Practice!

6　激突され

激突され	001	区分	ハード部門（土木）
タイトル	施工環境（縦断勾配）を考慮した覆工セントル		
動機・改善前の状況	トンネル縦断勾配が10.9％という急勾配のため、移動、据付時の安全性が懸念された。		
改善・実施事項	セントルの移動・据付時の安全対策として、3種の逸走防止装置を具備した。		
改善効果	セントルが逸走もせず、無災害で施工を完了した。		
活動内容改善事項の図、写真	移動時、逸走防止装置／セット時、微調整　打設時、移動防止装置／移動時、逸走防止装置／逸走時、車輪ロック装置／移動時、逸走防止装置		

Good Practice!

激突され	002	区分	ハード部門（土木）
タイトル	センサーによる重機接触災害防止装置		
動機・改善前の状況	ダム建設工事においては大型重機が多数使用されているが、とりわけＲＣＤ工法によるコンクリート打設作業では、ブルドーザー・ホイルローダーの重機稼働と水取りやバイブレータ操作等の人力作業が近接して行われ、監視員は配置されているが重機との接触災害が危惧された。この重機と作業員の混在作業における安全対策のマンネリ化防止を目的とした。		
改善・実施事項	・超音波トランスポンダ方式の接近検知・警報システムを採用した。重機の車体に監視装置（制御器、エリアセンサー、警報表示器）を取り付け、作業員に応答器（レスポンサ）を取り付ける（ヘルメットまたは蛍光ベストに装着）。監視装置とレスポンサの間で超音波パルス信号を送受信して、作業員が監視エリア内に入った時、即ち重機が作業員に接近した時、重機の警報表示器がランプ表示をすると共に、警報音を鳴らし、同時に作業員が装着している応答器が警報を鳴らし、双方に危険を知らせる。 ・監視エリアを警報音の種類により、「危険エリア」と「注意エリア」に分けることができる。監視エリアを最大12ｍまで、1ｍ間隔で設定できる。		
改善効果	監視人を配置しているという安心感、マンネリを防止のため、複数の安全対策を図ったことで安全意識の向上、事故防止に効果的であった。		
活動内容 改善事項の図、写真	本事例では下記の既存システムを採用した。 ・超音波トランスポンダ方式建設機械用作業員接近検知・警報システム（商品名「トラぽん太」） ・企画・販売　有限会社アムカ （1）システムの概要 　・重機に装備した「監視装置」により、運転席から視認できない危険範囲に「監視エリア」を形成し、そこに「応答装置」を装着した作業員が侵入すると、運転者と作業員の双方に警報を直接発信して、お互いが接近したことを知らせる。 　・「監視エリア」の距離と幅は、重機の種類や大きさ、スピードなど現場の状況や条件に応じて精度良く設定できる。 　・当システムは地面や周囲の構造物等からの反射波には感応せず、応答装置を付けた作業員のみを検知するので、従来の反射波検知装置と比べて警報に対する信頼性が高く、オペレーターや周辺作業員が行う危険回避行動をより適切に援助することができる。		

活動内容 改善事項の図、 写真	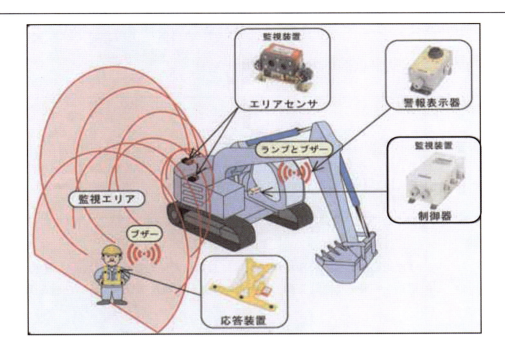 （2）本事例に採用したシステム構成 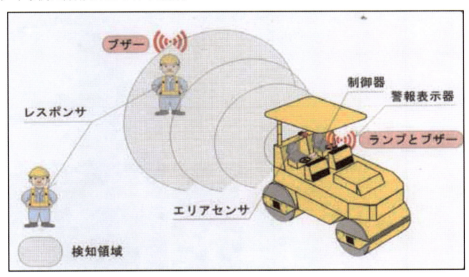 （3）動作原理 　1）重機に取り付けた監視装置から周波数1の超音波パルスが発信され、距離に見合った時間だけ遅れて、作業員に取り付けたレスポンサで受信される。 　2）レスポンサで受信した信号を処理し、周波数2のパルス信号を監視装置に返送する。返送した信号は距離に見合った時間だけ遅れて監視装置で受信される。 　3）最初の発信信号と受信信号の時間の遅れをもとに作業員との距離を計算し、この距離が予め設定した範囲内にあることを確認したとき、自らの警報表示器を駆動させ、警報音を発報する。 　4）作業員を検知した監視装置はこれを基点として再び周波数1の信号を作業員に対して発信する。この信号をレスポンサで受信すると、今度は作業員の警報表示器を駆動させ、警報音を発報する。このようにして重機と作業員が同じ監視エリアをお互いに確認したことになる。周辺作業員が行う危険回避行動をより適切に援助することができる。

激突され	003	区分	ハード部門（土木）
タイトル	稼動中重機への無線警報		
動機・改善前の状況	トンネル坑内で稼働中の重機オペレーターに監視員が合図するが、エンジン音等の騒音により合図がうまく伝わらない場合があり、重機への合図伝達時における安全確保に問題があった。		
改善・実施事項	無線装置により、重機の運転席に設置した回転灯が作動し、重機オペレーターがこれを見て重機を一時停止させる等、監視員の合図が重機オペレーターに伝わるようにした。		
改善効果	重機オペレーターへの合図が確実になった。 重機の作業範囲内に作業員が立入る際は、監視員の合図に従い、重機を一時停止できるため、安全確保が向上した。		
活動内容 改善事項の図、写真	①監視員　無線警報装置　②スイッチ　③重機停止回転灯等		

Good Practice!

激突され	004	区分	ハード部門（土木）
タイトル	潜堤消波ブロック据付における起重機船誘導システムの導入		
動機・改善前の状況	消波ブロック全てが水中に没してしまう潜堤において、潜水士がブロック据付希望位置を据付起重機船に伝える手段は、完了箇所に梵天等を設置すること程度であった。		
改善・実施事項	ＧＰＳを起重機船に搭載し、現在のブロック吊点位置と据付位置との関係を起重機オペレーターにもモニターを通し把握させる起重機船誘導システムを導入した。		
改善効果	まず起重機船誘導システムを使用し、オペレーターがモニターを通しブロック据付位置着水高程度までブロックを移動した後、潜水士による据付誘導を行う手順とすることにより、水中の潜水士の頭上を吊荷が横切らないよう施工することができた。		
活動内容改善事項の図、写真			

激突され	005	区分	ハード部門（共通）
タイトル	クレーンフック接近時の注意喚起		
動機・改善前の状況	動機：クレーンフック接近時の危険意識向上 改善前状況：１色で無蛍光のため視覚に訴える色彩でなかった。		
改善・実施事項	クレーンフックに直接、２色の蛍光色を塗装することにより、危険の安全色彩である赤色を引き立たせ注意力が喚起されるように白地に赤の蛍光色を使用した。		
改善効果	• フック接近時、視界に入りやすく、認識しやすくなった。 • 作業員に周知徹底すれば、デメリットはない。 • 薄暮、曇天時でも視認性が非常に良い。		
活動内容 改善事項の図、写真			

Good Practice!

激突され	006	区分	ハード部門(共通)
タイトル	重機警報システム			
動機・改善前の状況	従来、重機のそばを通るときは「グーパー合図」で行っていたが、オペレーターとの慣れにより合図をしないケースがあったため合図方法を見直した。			
改善・実施事項	重機への接近時には、合図者から警報スイッチで無線合図を送ると、運転席にある警報ランプが点灯しオペレーターに知らせ稼動を停止させるシステムを導入した。			
改善効果	重機への接近時には必ず警報スイッチを押すことにより、オペレーター及び作業員がお互いに確認することができ、人と重機の接触災害防止が図れた。			
活動内容 改善事項の図、写真	警報スイッチ 警報ランプ			

Good Practice!

激突され	007	区分	ハード部門（共通）
タイトル	高さの高い軽量可搬型立入禁止柵		
動機・改善前の状況	移動式クレーンの旋回部分での挟まれや巻き込まれ等の危険を防止するため、軽量で且つ移動が容易に行え、安定性のある立入禁止柵を必要とした。		
改善・実施事項	プラスチック製ガードスタンドと塩ビパイプを組み合わせ、L＝2.0ｍ、H＝1.2ｍの柵（10Kg/基）を製作し移動式クレーンの据え付け後、周囲に隙間なく設置した。		
改善効果	移動ごとの柵の設置が軽量であるため容易に可能であり、クレーンの据付けと同時に、遅れることなく立入禁止柵が速やかに設置されるようになった。		
活動内容 改善事項の図、写真			

Good Practice!

激突され	008	区分	ハード部門（共通）
タイトル	コンクリート打設時の回転台使用		
動機・改善前の状況	ケーソン製作時のコンクリート打設において鉄筋の突き出し等により安全性及び施工性が低下するので、改善が必要である。		
改善・実施事項	中継回転台（クローラクレーン併用）を作成した。		
改善効果	コンクリートポンプ車のブームが鉄筋などに影響がなく、効率よく打設作業ができた。		
活動内容 改善事項の図、写真			

激突され	009	区分	ハード部門（共通）
タイトル	杭の吊り起こし時の荷振れ防止架台		
動機・改善前の状況	工事現場内で使用する材料等（ここでは鋼管杭）には長尺物が多く、それらをクレーンで吊り起こして使用する場合に、吊り起こし中または吊り起こした直後に吊荷が前後、左右に荷振れを起こすと、作業員に激突して重大事故につながる可能性があった。		
改善・実施事項	鋼管杭等の長尺物の吊り起こし時に荷振れを抑える専用の架台を製作した。		
改善効果	荷振れ防止架台を使用して杭の吊り起こし作業を行った結果、荷振れを防止することができ、杭の吊り起こし作業を安全に行うことが可能になった。		
活動内容 改善事項の図、写真	改善前 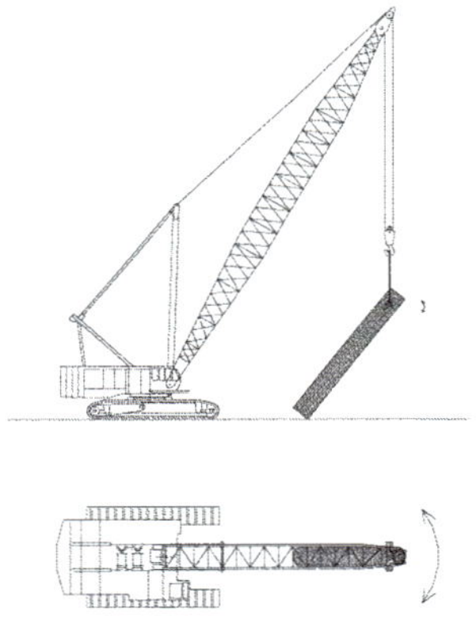 左右方向に荷振れする危険性 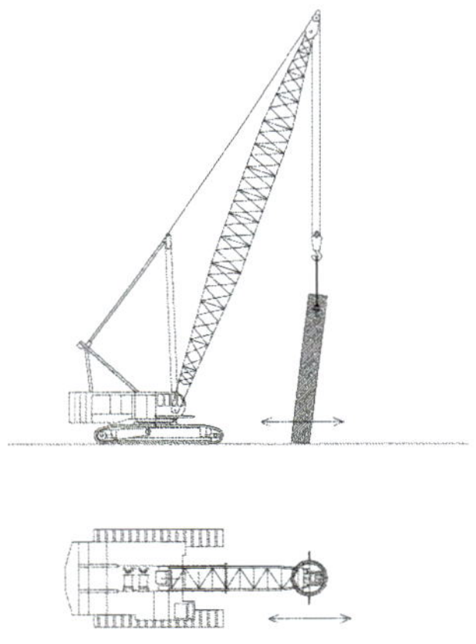　　　　前後方向に荷振れする危険性 杭の吊り起こしの最中または吊り起こした直後に上の図のように前後、左右に荷振れを起こす危険が高かった。		

活動内容
改善事項の図、
写真

改善後

吊り起こし時の荷振れを抑える架台を作製し使用した。

吊り起こし架台

使用状況

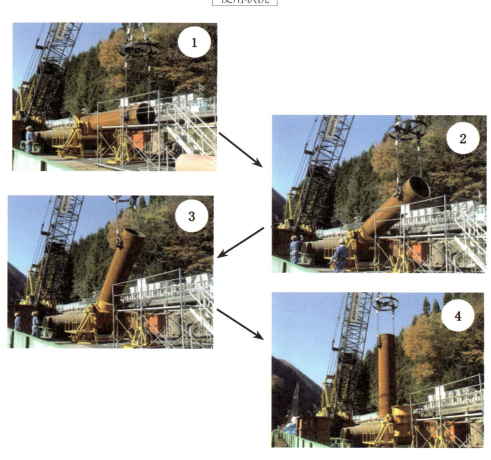

激突され	010	区分	ハード部門（共通）
タイトル	工事用通行ゲートにおける車輌との接触防止対策		
動機・改善前の状況	本工事は、岸壁工事であり工事関係者及び荷役業者が同じ通行ゲートを使用している。そこで工事従事作業員と工事・荷役業者車輌が接触する恐れがあった。		
改善・実施事項	通行ゲートにて必然的に徐行するように段差板を設置した。		
改善効果	段差が生じることにより意識的に徐行を行うようになり接触する危険性がなくなった。		
活動内容 改善事項の図、写真			

Good Practice!

7 挟まれ・巻き込まれ

挟まれ・巻き込まれ	001	区分	ハード部門（土木）
タイトル	施工環境（仮設ヤード）を考慮した覆工セントル		
動機・改善前の状況	セントル組立解体を坑内でやらざるを得ないこと。		
改善・実施事項	坑内で組立解体可能なリフトアップ装置を搭載したセントルを考案した。		
改善効果	坑内での組立解体作業が、安全かつスムーズに施工できた。		
活動内容改善事項の図、写真	リフトアップ装置　　　リフトアップ装置		

| 活動内容
改善事項の図、
写真 | 全断面スチールフォーム解体フロー図 |

全断面スチールフォーム解体フロー図

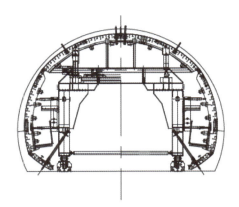

① 解体位置に移動し、車輪を固定する。
② 下げ猫を解体する(チェーンブロック、レバーブロック使用)。
③ サイドフォームを解体する（チェーンブロック、レバーブロック使用）。

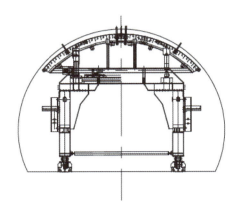

④ リフトダウン装置を取り付ける（ユニック車、チェーンブロック使用）。

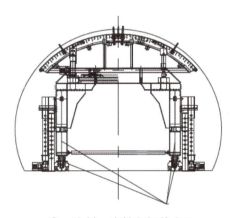

⑤ 脚材・車輪を解体する。

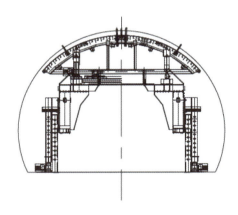

⑥ リフトダウン装置により、スチールフォームをダウンさせる（解体クリアランスを確保する）。

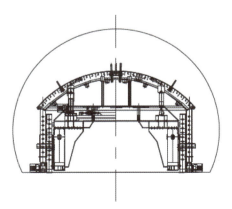

⑦ 天端フォームをラフタークレーンで解体する。

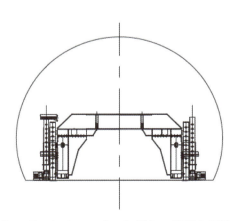

⑧ ガントリー、リフトダウン装置を解体する。

Good Practice!

挟まれ・巻き込まれ	002	区分	ハード部門（土木）
タイトル	シールド工事におけるセグメント空中受渡し装置の採用によるセグメント組立作業の安全性向上		
動機・改善前の状況	従来のＲＣセグメント組立作業では、搬送装置でセグメントピースを切羽に運搬後、一旦マシンのインバート部にセグメントを仮置きし、ピン式の把持金物を搬送装置のフックから外し、エレクターの把持装置の穴にピンを付け替えてセグメントを把持し、組立を行っていた。このセグメント組立作業は、切羽部の狭い場所での作業となるため、挟まれ・巻き込まれ災害が発生した事例も多く、出きるだけ人が介する作業を省き、安全性の向上と工程短縮できる方法を検討した。		
改善・実施事項	セグメント把持金具を２段つば式の把持金物とし、そのつば部分を引っ掛けて掴むセグメントを吊る治具を製作し、上部のつばを搬送装置に取り付けた吊治具が掴みエレクターの把持部分までセグメントピースを搬送する。そして、下部のつば部分をエレクターの把持装置に預けて、搬送装置を後退させることにより、セグメントの空中受渡しができる。		
改善効果	エレクターに自動ボルト締結装置を装備した事もあり、セグメント組立作業時には、マシン内部に人が立入る必要がなくなり、セグメント組立作業の安全性の向上と工程短縮が図れた。		
活動内容 改善事項の図、写真			

挟まれ・巻き込まれ	003	区分	ハード部門（土木）
タイトル	マンゲージの挟まれ防止		
動機・改善前の状況	過日、近接の同業他社で、高所作業車を無資格者が運転し、バケットとトンネル天端に挟まれ死亡した事故があり、高所作業車のバケットやジャンボのマンゲージに挟まれないように考えた。		
改善・実施事項	マンゲージの四隅にパイプや鉄筋を取り付け、バケットが昇降しても止まるようにした。		
改善効果	作業時にパイプが邪魔になることがあり、更なる改善を要す。		
活動内容 改善事項の図、写真			

Good Practice!

挟まれ・巻き込まれ	004	区分	ハード部門（土木）
タイトル	潜水作業者の水中での玉掛け解除方法		
動機・改善前の状況	重量ブロックの取扱いの機会が多く、外れ止めの解除時に波、うねりにより船舶が動揺し、ワイヤーが緊張し、手を挟みそうになる。		
改善・実施事項	潜水作業者が手をクレーンフック内側に入れなくても玉掛け（外れ止め）を解除できるようにフックの外側に取っ手を付けて、引くと重力で開くよう改造した。		
改善効果	潜水作業者がクレーンフックの内側に手を入れなくても玉掛けを解除できるようになったので、手を挟むリスクが減少した。		
活動内容 改善事項の図、写真	解除前 ↓ 解除後		

挟まれ・巻き込まれ	005	区分	ハード部門（土木）
タイトル	作業船デッキの整理・整頓		
動機・改善前の状況	作業で使用する浮標灯の保管方法は、デッキ上に横置にしたり、デッキ下の船倉に保管するが、出し入れが大変であった。		
改善・実施事項	保管場所のデッキに溶接で固定した筒に、浮標灯を仮置きする。		
改善効果	立てて保管することで、保管面積も少なく、その都度、固定を必要としないので管理が簡単である。		
活動内容 改善事項の図、写真			

挟まれ・巻き込まれ	006	区分	ハード部門（共通）

タイトル	移動式クレーン後方看視システム

動機・改善前の状況	移動式クレーンは、数多くの工事現場で使用されており、このクレーンの特徴は、設置場所を比較的簡単に変えることができることである。設置場所を変更したときは、新たに立入禁止措置をやり直すなど、労働災害が発生しないように措置する。 　ただし、次のような問題点があったため、作業員が移動式クレーンの後部と建物、擁壁あるいは水槽などとの間に挟まれる労働災害が発生していた。 ① オペレーターは周囲の状況特に後方の状況把握に時間を要する ② 周辺にいる作業員がクレーン後部に近づいたり、横切ったりする ③ 移動式クレーンは後方が死角になり、オペレーターは後方に作業員が入ってきても分からない
改善・実施事項	・移動式クレーンが設置場所を頻繁に変えることは、この機械の特徴からやむをえない。 ・これを克服するため次の措置をとった。 　① 移動後の立入禁止措置を確実に行う 　② 関係作業員に「移動式クレーンの作業範囲に入らないこと」を徹底させるなどの措置をとるとともに、後方看視システムを導入した。 ・後方看視システムの概要は、次のとおり。 　① オペレーターが後方を確認できるように、後方看視カメラを設置した。看視カメラを後部カウンターウエイトなどに設置することにより、オペレーターが運転席のモニターにより、後部の状況をいつでもみることができる。 　② 後部にセンサーを設置して、作業員が立入った時、オペレーターにブザーを鳴らして知らせるようにした。センサーは、発振器とコントローラーにより構成されている。発振器から出された超音波を使い、ある一定の距離内にある障害物や作業員を識別する。障害物や作業員を識別するとコントローラーから出る音と光で警告する。識別距離は２～３ｍが標準である。
改善効果	・後方看視システム（後方看視カメラとセンサー）という対策を実施した結果、移動式クレーンの旋回中あるいはバック中に作業員が挟まれたり、轢かれたりする労働災害が少なくなった。 ・後方看視カメラが装備されたことにより、次のような効果があった。 　① これまで旋回あるいはバックするとき、オペレーターがわざわざ降車して行っていた後方確認作業が不要となった。 　② バックするときに後方が見えないので、恐る恐る行っていたものが非常にスムーズに行えるようになり、オペレーターの作業能率が向上した。 　③ 後部センサーが近づいてきた作業員を確実にとらえて警報を発するので、オペレーターは安心して操作に専念できるようになり、オペレーターの精神的負担を軽減することができた。

活動内容
改善事項の図、
写真

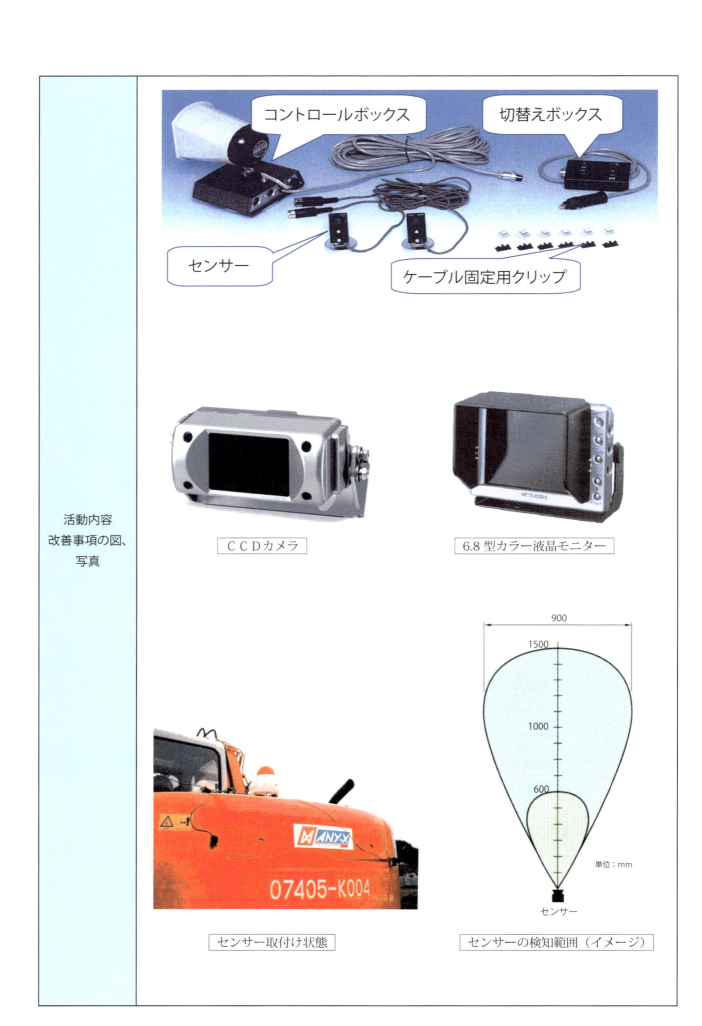

活動内容 改善事項の図、 写真	カメラ取付け状態  監視カメラ   モニター

挟まれ・巻き込まれ	007	区分	ハード部門（共通）
タイトル	クレーンと一体化した立入禁止柵		
動機・改善前の状況	クレーン移動時に、その都度立入禁止措置を行うので、作業開始までに手間と時間がかかる。		
改善・実施事項	単管とクランプを使って柵を作り、それをキャッチクランプと単管を利用してクレーンのキャタピラ部（不動箇所）に固定し、常時立入禁止エリアが設置されるようにした。		
改善効果	一度取り付けると常に立入禁止措置が取れるので、手間と時間の節約になる。また、設置を忘れることがない。		
活動内容 改善事項の図、写真	 立入禁止柵  立入禁止柵		

Good Practice!

挟まれ・巻き込まれ	008	区分	ハード部門（共通）

タイトル	高所作業車の指挟まれ防止操作ボックスカバー
動機・改善前の状況	現在、建設工事において高所作業車を使用して作業する場合が多く、高所作業車による災害が多発している。中でも指挟まれ事故が高い比率を占めている。災害発生状況は、片方の手を高所作業車の手すりに掛け、片方の手で操作し上昇している際に手すりと障害物とで指を挟むというものである。主な原因は作業員の操作ミス及び不注意が挙げられるが、作業車事態に安全対策が講じられていないのも実状である。そこでメーカーに問題提起すると共に、作業所でも応急的に対応を考えた。
改善・実施事項	高所作業車の手すり上に金属製のカバーを取り付けた。取付け箇所は操作盤付近に1つ取り付ける。上昇中障害物が手すり上部に存在しても、カバーに当たり、それ以上上昇することができず、指が挟まれることはない。カバーを避けて手すりと接触するような局所的な障害物に対応するためには、手すりを持つ際はこのカバーが取り付いている箇所にするというルール付けをする必要がある。そのため操作盤付近に取り付けている。
改善効果	このカバー開発後に採用した作業所では、同災害の発生は0件である。
活動内容 改善事項の図、写真	

挟まれ・巻き込まれ	009	区分	ハード部門（共通）
タイトル	オーガー付着残土除去ブラシ		
動機・改善前の状況	重機手元作業員がオーガーに付着した残土の除去、清掃のため、機械に接近した時に土塊の落下、或いは回転したオーガーに巻き込まれる等の危険があった。		
改善・実施事項	バックホウのバケット先端に専用の付着残土のかき落としブラシを取り付けて付着残土を除去し、作業員の手作業による付着残土除去作業を排除した。		
改善効果	① 作業員の危険箇所への立入りを防止できた。 ② 重機と人の混在作業を排除できた。 ③ 作業時間の短縮と安全性を向上することができた。		
活動内容 改善事項の図、写真			

挟まれ・巻き込まれ	010	区分	ハード部門（共通）
タイトル	スプリンクラー配管を利用した洗車設備		
動機・改善前の状況	従来の洗車設備はその都度、洗車係がハイウオッシャーにて直接タイヤを洗浄しているが、処理台数が限られるのと人件費が非常にかかる。 また、作業員の安全確保を充分行う必要がある。		
改善・実施事項	洗車用水は車両の進入時自動検知器により水中ポンプの入切をする。 洗車後の水は、道路横断側溝から沈砂池へ流し再利用する。洗浄は4カ所両側2段の16個のノズルを使用する。		
改善効果	先行してスパッツで土砂を落とす。スプリンクラーの洗浄水の勢いが強いため、数分で通り抜けられ、渋滞することもなくなった。作業員は発電機・水中ポンプの管理及び洗浄による砂の除去作業で済むこととなり、車両への近接作業がなくなった。		
活動内容 改善事項の図、写真			

挟まれ・巻き込まれ	011	区分	ソフト部門（共通）
タイトル	重機使用開始時の接触防止対策		
動機・改善前の状況	現場の重機周りは完全な立入禁止措置ができないため、重機運転開始時の接触事故が多かった。		
改善・実施事項	重機の使用開始時の接触防止のために、キャタピラ（タイヤ）の前後左右の4カ所にプラスチック製の明示鋲を置き、始業時にそれを取り除くことにより確認の忘れを防止する。運転席を離脱する際には再度設置する。		
改善効果	重機使用開始時の接触事故防止が図れた。		
活動内容 改善事項の図、写真			

Good Practice!

挟まれ・巻き込まれ	012	区分	ハード部門
タイトル	識別反射チョッキの着用		
動機・改善前の状況	多くの協力業者の作業員が混在する作業所内で、職長や誘導員、合図者、玉掛け者等が識別しにくい。		
改善・実施事項	『職員・作業員・職長・合図者・玉掛け者・誘導員』が一目でわかるように、色分けした反射チョッキを着用することにした。そして、朝礼掲示板にチョッキの色分けの内訳を大きく掲示し誰でも容易に識別できるようにした。		
改善効果	現場巡回時に作業計画どおりに合図者がいるか、誘導員はいるか、玉掛け有資格者が行っているか、等が一目で確認できるようになった。また、クレーンのオペレーターやダンプの運転手にとって合図者や誘導員の存在が確認しやすくなった。		
活動内容 改善事項の図、写真	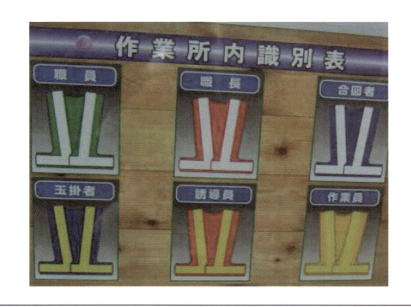		

挟まれ・巻き込まれ	013	区分	ハード部門
タイトル	重機運転時の安全確認		
動機・改善前の状況	バックホウに乗車の際、オペレーターは目視による確認を行っていたが、実際に重機の四方に行って確認していないため、死角が生じたままの乗車となりやすく、確実な安全確認ができない状況にあった。		
改善・実施事項	バックホウの駐機時に、フトンバサミを重機の四方のキャタピラに必ず設置することとした。バックホウに乗車する際、オペレーターは目視による確認以外に、実際に重機の四方に行って、フトンバサミを撤去し死角となりやすい箇所の安全確認を行った後に、乗車することとした。		
改善効果	バックホウにオペレーターが乗車する際、全周囲の安全確認を徹底することにより、重機運転開始時の危険予知、事故災害防止に非常に有効であった。		
活動内容改善事項の図、写真			

Good Practice!

挟まれ・巻き込まれ	014	区分	ハード部門（土木）
タイトル	坑内掘削作業における重機と人の離隔確保及びベルコン巻き込まれ防止対策に関する「見えるか対策」		
動機・改善前の状況	鉄道軌道直下の坑内において、小型バックホウと人力併用して掘削作業をした。また、掘削土の場外搬出には10台以上のベルコンを使用した。そのため、小型バックホウと人の接触災害やベルコンへの巻き込まれ災害のリスクが内在していた。		
改善・実施事項	小型バックホウと人の離隔確保対策として、写真①、②のようにA型バリケードに保安灯及び立入禁止看板を設置した作業区分明示をした。また、ベルコンへの巻き込まれ防止対策として、写真③～⑥のようにベルコンに注意喚起看板とベルコン近傍への立入禁止ロープ及び旗を設置した。		
改善効果	上記改善対策を講じてから重機接触災害やベルコン巻き込まれ災害は1件も発生していない。また、ヒヤリ・ハット報告等にも重機接触やベルコン巻き込まれ等の報告はあがっていない。また、実際作業員からも視覚的にわかりやすいと好評であり、各種パトロール時にも評価が高い。		
活動内容 改善事項の図、写真	写真① 重機作業範囲内立ち入り禁止表示　写真② 重機作業範囲内立ち入り禁止表示　写真③ 坑内ベルコン巻込まれ防止表示　写真④ 坑内ベルコン巻込まれ防止表示　写真⑤ 場外ベルコン巻込まれ防止表示　写真⑥ 場外ベルコン巻込まれ防止表示		

Good Practice!

挟まれ・巻き込まれ	015	区分	ハード部門（共通）

タイトル	転圧用ローラーの巻き込まれ防止装置
動機・改善前の状況	建設現場においてローラーによる轢かれ災害が後を絶たない。その理由と原因は複数ある。以下は、災害原因とされる代表的な事例である。 ① ローラーのオペレーターが周囲の安全確認を十分に行っていない。 ② 誘導員が適切に配置されていない。 ③ 作業員が作業計画に無い動きをし、誘導員がローラーに接触し、轢かれる。 人の注意力だけに頼った安全の確保には限界があると考えた。
改善・実施事項	本考案は、ローラーの柵部分に接触しただけでローラーの駆動を止めることにより、災害防止を行う装置である。開発にあたって、作業員とローラー・オペレーターの行動を解析し、作業員がローラーに接触した瞬間にローラー本体を停止するようセンサーの位置を検討し配置した。これにより、災害の発生を大いに抑制することが可能になった。建設業で働く人の更なる安全・衛生、良好な作業環境を確保するために建設機械による災害ゼロを目指す。
改善効果	作業員が誤ってセンサーに接触してしまうとローラーが停止するので、一般作業員も機械に接触しないよう、不用意にローラーに近づかなくなった。今回の開発が建設機械の本質安全化の第一歩になれば幸いである。
活動内容 改善事項の図、写真	【従来の状況】 アスファルト舗装現場状況 オペレーターからは死角が 【改善の状況】 転圧用ロードローラーの巻き込まれ防止装置概略図 機能解除装置／回転灯／センサー／可動柵

活動内容 改善事項の図、 写真	巻き込まれ防止装置装着状況  振動ローラーによる転圧状況

Good Practice!

挟まれ・巻き込まれ	016	区分	ハード部門（土木）
タイトル	ドリルジャンボマンゲージによる挟まれ防止		
動機・改善前の状況	マンゲージ操作を行う際に、下で作業している作業員には気付かずに操作する可能性が高く、挟まれる危険性がある（上部の挟まれ防止は標準でするべきもの）。		
改善・実施事項	マンゲージの下（4隅）にプラスチックチェーンを取り付け、下で作業を行っている人に注意喚起を行うようにした。		
改善効果	プラスチックチェーン（黄色）があることにより、マンゲージの存在に気付き易くなり、挟まれ防止の注意喚起として効果を発揮した。		
活動内容 改善事項の図、写真	チェーン使用状況		

Good Practice!

8 切れ・こすれ

切れ・こすれ	001	区分	ハード部門（共通）
タイトル	差し筋先端部の丸フック加工		
動機・改善前の状況	基礎、地中梁からの差し筋は、フック無しで施工していたために、つまずきによる転倒等の軽傷の怪我や、墜落・落下した場合には差し筋が突き刺さるなどの重大事故につながる可能性があった。		
改善・実施事項	以前は、差し筋を切断加工の生材のままで差し筋としていた。 現在は1階壁筋と土間の差し筋については、全て先端を丸フック加工されたものを差し筋としている。		
改善効果	高さ900mmのところから足を滑らして落下した事故で、差し筋の上部に落ちたが胸部打撲ですんだ。		
活動内容 改善事項の図、写真	差し筋：曲げていない 以前は、差し筋を切断加工の生材のままで差し筋としていた。 差し筋：曲げている （鉄筋径D 16以上） 先端を丸フック加工されたものを差し筋とする。 3/2d以上　4d以上　d　3d以上		

Good Practice!

切れ・こすれ	002	区分	ハード部門（共通）
タイトル	差し筋先端部のU型加工		
動機・改善前の状況	コンクリート打継ぎ面に差し筋を施工していたが、棒状が一般的で、頭部にキャップ等をして保護していたが、よくはずれて、作業服を引っかけて服が破れたり、切り傷をつくったりすることがあった。		
改善・実施事項	差し筋をU形に加工して逆U形に設置した。		
改善効果	差し筋の保護キャップが不要となった。		
活動内容 改善事項の図、写真	U型差筋／施工状況		

Good Practice!

切れ・こすれ	003	区分	ハード部門（共通）

タイトル	建築廃材を用いた差し筋養生方法
動機・改善前の状況	市販の差し筋養生材等を用いて鉄筋の養生を行っているが、コストがかかったり、使用後の廃材となること、外れやすいこと等の問題があった。
改善・実施事項	廃材のＰＦ管を用いて差し筋養生を行った。
改善効果	廃材を減らせること、一度付けると外れにくいこと、購入コストがかからないこと等の改善が見られた。
活動内容 改善事項の図、写真	

切れ・こすれ	004	区分	ハード部門（共通）

タイトル	差し筋単管養生
動機・改善前の状況	スラブ配筋から壁配筋までの間、壁の差し筋につまずき、引っかかる等を防止するため鉄筋キャップを付けていたが、型枠の中に落ちるという苦情が多く、手間もかかっていた。
改善・実施事項	差し筋の先端にY字形の金物を取り付ける。その上に単管を乗せ蝶ネジで固定する。2カ所通路を決め、通路のみを通ることにした。
改善効果	単管を取り付けてから差し筋につまずいたり、引っかかったりすることもなく、作業通路も決められることから資材仮置き等の整理整頓にもつながった。なお、単管も型枠建て込みの締め固めに利用する。
活動内容改善事項の図、写真	

Good Practice!

切れ・こすれ	005	区分	ハード部門（共通）
タイトル	狭隘な作業通路の型枠フォームタイの養生		
動機・改善前の状況	スライド型枠材の側面において、作業員が組立、解体作業を行うときに狭い部分を作業用通路として使用しているので、通行の際に型枠のフォームタイ先端部に引っかかり、怪我をする恐れがあった。		
改善・実施事項	型枠フォームタイに柔らかな水道ホースを短く切断し、差し込み、金属の突出部分を覆った。		
改善効果	フォームタイ部分に水道のホースを取り付けることにより、金具による体、及び顔面に怪我をすることがなくなり、安心して通行できることにより作業効率も向上し、養生材料に紐を結びつけ落下による紛失、散乱をなくし現場内の整理整頓を図った。		
活動内容 改善事項の図、写真			

切れ・こすれ	006	区分	ソフト部門
タイトル	「指切るな」ステッカー		
動機・改善前の状況	電動工具（丸のこ、携帯用グラインダ）による災害が多く、言葉やＤＶＤ教育等の注意喚起以外による安全意識の高揚を図る必要があると考えていた。		
改善・実施事項	大きさ：50mm × 20mm の「指切るな」のステッカーを各自が工具に貼ることにより、安全意識の高揚を図った。		
改善効果	作業する際、電動工具の目に見える位置に貼ることにより、電動工具による災害が減少した。		
活動内容 改善事項の図、写真			

Good Practice!

9　踏み抜き

踏み抜き	001	区分	ハード部門（土木）
タイトル	急曲線トンネル内における台形状通路足場板		
動機・改善前の状況	山岳トンネルやシールドトンネル工事においては、軌条設備を設置し、バッテリーカーなどを使用し資機材の運搬を行う。下水シールドトンネル工事等においては、狭い断面内での軌条設備の配置となるため、作業員などの出入りに使用する安全通路は軌条（レール）間のスペースを利用して設置せざるを得ない。また、都市部のシールドトンネルにおいては、曲線が多く計画されており、特に30m以下の曲線は急曲線となり、その曲線部の通路においては既製の足場板（シールドステップL＝4m、2m）の設置は不可能である。今までは、木製の合板や鋼板を加工し、設置していたため、板材による段差の発生や、枕木への固定方法が不安定となり、また、その場所のみでの設置となるため、次工事への転用は不可能であった。		
改善・実施事項	・縞鋼板（2.3mm）とL型鋼（L 40）を使用し、工場にて足場板の製作を行った。 ・形状としては、幅350mm、長さ1,860mmから1,827mmの台形構造とし、また各足場板の接続は長ボルト使用により足場板間の角度と長さを自由に接続できる構造としたため、R 30m以下のどの急曲線にも自由に使用できる。 ・工事終了後は次工事においても転用できる構造とした。		
改善効果	・各足場板が連結されているため、いままでのような天秤作用による事故の発生も皆無となった。 ・開口部の発生も必要最小限の開口部となり、安心して通路を歩けるようになった。		
活動内容 改善事項の図、写真	製作図		

活動内容 改善事項の図、 写真	写真－1　製作状況  写真－2　設置状況 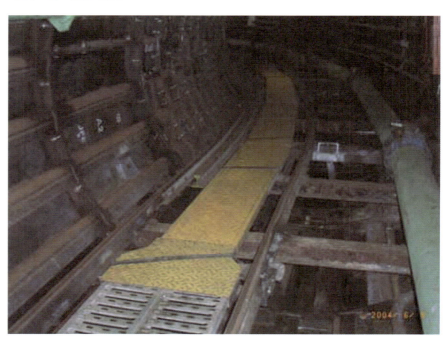

10 おぼれ

おぼれ	001	**区分**	ハード部門（土木）
タイトル	岸壁に常設した救命索		
動機・改善前の状況	防波堤は水面から完成上部天端まで約6mのコンクリート壁が直立した構造となっていて、海中転落災害が発生した場合、転落者がすがる施設が無く、潮流やうねり等で流されたり自分の体勢を保持できないことにより、パニック状態に陥り、災害に至るので何とかしなくてはという思いがあった。		
改善・実施事項	・救命索を取り付けた。 ・岸壁から転落した場合、直高6mの岸壁をよじ登るのは不可能、かといって大声出しても波の音や工事の音でかき消され落ちた人の声は聞き取れにくく、そのうち疲労しておぼれる可能性がある。そこで救命索をつけた浮環（浮き輪）を10m毎に外海に垂らした。		
改善効果	防波堤からの海中転落を試み、転落時の衝撃や水面で体勢保持などの状況を確認するとともに、救助の方法・手順・役割を訓練で確認した。 　1．救命胴衣の機能と正しい着用方法、転落時の状況の確認 　　（通常・膨張式の2タイプで実施） 　2．水面での浮遊状況と救命索の効果の確認 　3．海中転落者の救助方法 　4．緊急時の連絡手順の確認と伝達訓練 以上が確認できた。		
活動内容 改善事項の図、写真	救命索設置状況		

Good Practice!

おぼれ	002	区分	ハード部門（土木）
タイトル	浮上深度表示装置（潜水作業）		
動機・改善前の状況	潜水作業では作業場所の深さと作業時間時に応じて浮上時に減圧停止が高圧則で決められているが、潜水士と連絡員のやりとりだけであり、周辺では浮上の状況がわからなかった。		
改善・実施事項	潜水士が所定の浮上停止深度に到達するごとに、各浮上停止深度に対応するスイッチを操作して標示灯を点灯させることで、周辺の作業船または陸上に待機する管理者等が潜水士の浮上状況を確認できる。		
改善効果	潜水士の浮上状況を、リアルタイムに確認することができ、また、多人数での浮上停止確認が可能となることから、浮上停止の徹底を図ることができる。		
活動内容 改善事項の図、写真			

Good Practice!

おぼれ	003	区分	ソフト部門
タイトル	自動潜水管理システム		
動機・改善前の状況	① 潜水業務において、潜水深度のリアルタイムな確認は、潜水士本人しか行えない。 ② 潜水業務において、潜降速度と浮上速度は10m/min以下で潜水を行うものと決められているが、具体的な管理方法がない。 ③ 潜水業務において、浮上開始や浮上停止などの連絡は、潜水送気員と潜水士の間でなされるが、連絡の忘れなどがある。 ④ 潜水業務において、潜水作業中に潜水計画が変更になった場合、高気圧作業安全衛生規則の別表第2と別表第3を用いて、浮上停止水深、浮上停止時間、体内ガス圧係数、ガス圧減少時間などを求め直さなければならない。また同日における以降の潜水作業についても、浮上停止水深、浮上停止時間、体内ガス圧係数、ガス圧減少時間などの見直しをしなければならず、潜水計画の変更は煩雑である。 ⑤ 潜水時間や業務間ガス圧減少時間の定義の誤解、根拠のないローカルルールの適用など、高気圧作業安全衛生規則に則った潜水管理が不十分であることがあった。		
改善・実施事項	自動潜水管理システムは、潜水士に水深センサーを装着させて、潜水開始から浮上までの一連の作業時間と潜水深度をパソコンで自動計測することで、潜水深度に応じた潜水時間、浮上方法とその時間、2回目以降の潜水時の浮上時間などを演算処理し、潜水士船上の作業員、および遠隔地の安全管理者にアナウンスするものである。システムは、遠隔地に設置した管理者用サーバーパソコンと、潜水士船のクライアントパソコンで構成され、潜水管理画面は、潜水士船だけでなく、インターネットを経由して遠隔地でリアルタイムに監視することができる。		
改善効果	① 高気圧作業安全衛生規則に則った潜水計画を自動的に作成することができるため、潜水計画立案時のミスを防止することができる。 ② 潜水士以外の者が潜水状況(潜水深度、潜水時間、浮上速度など)を監視できるため、リアルタイムかつ客観的な潜水管理を行うことができる。 ③ 潜水計画修正のための潜水時間、潜水深度、浮上時間、およびガス圧減少時間を自動計測できるため、適正な潜水管理を実施することができる。 ④ 自動計測された潜水データに基づき、潜水計画を自動修正できるため、煩雑な潜水計画の変更作業を行う必要がない。		
活動内容 改善事項の図、写真			

おぼれ	004	区分	ハード部門
タイトル	潜水作業の安全管理を支援する「水中ポジショニングシステム」		
動機・改善前の状況	一般に潜水士の位置は、船上から繰り出した送気ホースの長さと潜水士が発する気泡が海面に浮上する位置で判断する。このため、起重機船近傍での潜水作業では吊荷との接触や挟まれ等の危険が伴う。また、潜水作業中は濁りで視界の確保が困難な状態も想定されることから、船上の監視員は潜水士の位置確認に細心の注意が必要とされた。		
改善・実施事項	潜水士の安全を確保する目的から、これまでの水中作業機械の測位や構造物の誘導据付で実績のある技術をもとに、従来の潜水士作業や構造物据付作業で不可欠であった潜水士や吊荷などの測位・監視を行う「水中ポジショニングシステム」を開発した。		
改善効果	潜水士の位置を潜水士船やクレーンオペレーター席で確認することによって、航路などの立入禁止区域への侵入監視や潜水士と吊荷などとの位置関係を確実に把握しながら作業できるので、安全性と作業効率が向上した。		
活動内容 改善事項の図、写真			

Good Practice!

11　高温・低温との接触

高温・低温との接触	001	区分	ハード部門（土木）
タイトル	ラインクーラーによるモルタル硬化熱対策設備の設置		
動機・改善前の状況	充填後のモルタル充填箇所の管内温度は、硬化熱により50℃にもなる。 高温作業による熱中症および温度低下を待つと工期遅延につながる。		
改善・実施事項	冷房装置により冷気を強制的に送気するラインクーラーを設置した。		
改善効果	冷気により、湿度および気温の低下が促進され配管内部は約32℃前後に保たれ作業環境の改善が図られた。		
活動内容 改善事項の図、写真			

Good Practice!

高温・低温との接触	002	区分	ハード部門（共通）
タイトル	酷暑季中での鉄筋組立作業中の熱中症対策		
動機・改善前の状況	場所打ち杭の鉄筋加工は、溶接機を使用し、酷暑季にはかなりの重労働となる。そのため、熱中症対策を立案し実行した。		
改善・実施事項	鉄筋加工場全体をシートで覆えるよう、ワイヤーを張り熱中症対策とした。また、大型扇風機も使用した。		
改善効果	ワイヤーにシートをカーテン式に取り付けたことにより、日々、設置が楽にできた。また、突然の強風に対しても迅速に対応できた。 作業員（鉄筋工）には、大変好評であり、酷暑季にもかかわらず、通常の出来高を仕上げることができた。		
活動内容 改善事項の図、写真			

高温・低温との接触	003	区分	ハード部門
タイトル	休憩所等を兼ねた多目的テントの考案		
動機・改善前の状況	施工場所は自然公園内の山岳部にあり、ユニットハウス等の持込は困難		
改善・実施事項	持込み組立が容易な簡易テント（1800mm×1800mm）と医薬品などをコンパクトに設置		
改善効果	簡易テントが朝礼やＫＹ実施場所として機能した。また休憩時の憩いの場にもなる		
活動内容 改善事項の図、写真			

救急医療セット・簡易安全掲示板等・他

高温・低温との接触	004	区分	ソフト部門
タイトル	熱中症防止ポスター		
動機・改善前の状況	毎年夏になると、建設業では多くの熱中症災害が発生し、後を絶たない。熱中症は防ぐことが可能であるが、熱中症に対する知識が不足しているために罹患することが多い。熱中症に対する無知を無くし、防止対策を啓蒙し、各作業員1人ひとりが熱中症の知識を身につけ、それぞれが防止対策を実施し、熱中症が発症しない現場作りをする。		
改善・実施事項	熱中症は少しの心がけで防止できる。 ポスターに「熱中症を防止するための取組み」を書き込み、暑熱現場で作業をする全員が守れるよう、簡単な図柄を採用した。現場の掲示板、朝礼会場、休憩所等に掲示し、啓蒙を実施した結果、朝食を摂取する、着替えを持参する、水分・塩分の摂取等個々の実施項目を実行するようになった。 工事事務所でも、休憩時間は小まめに多くとり「ここまでやったら休憩」という意識から「休憩時間になるからキリをつける」作業方法が浸透した。 また、あえて休憩時間に現場巡視をし、休憩していないグループに対して休憩していない理由を聞くなどの啓蒙を実施した。		
改善効果	実施すべき事柄は当然のことであるので違和感無く浸透し、休憩回数が増えても実作業に大きく影響することは無かった。 休憩が効果的になるので、体調を崩す者も無く、暑中作業であるが全般的に順調な作業となった。		
活動内容 改善事項の図、写真			

12　有害物質との接触

有害物との接触	001	区分	ハード部門（共通）
タイトル	屋内粉じん対策		
動機・改善前の状況	屋内で高速カッターを使用すると、粉じんが飛散する。		
改善・実施事項	高速カッター廻りにフードを取り付け、フードの突出した円筒部にダクトを緊縛し、送風機で排気を直接屋外に排出する。		
改善効果	屋内に粉じんが飛散するのを抑制できた。		
活動内容 改善事項の図、写真			

Good Practice!

13 感電

感　電	001	区分	ハード部門（共通）
タイトル	電撃防止絶縁フック		
動機・改善前の状況	現場がＮＴＴドコモの隣地にあったため、クレーン作業時にフックやワイヤーに触れると電磁波と思われる電撃を受けた。		
改善・実施事項	フックの絶縁処理を実施すべく、ナイロンスリング・シャックル・重量フックを組み合わせて、絶縁フックを製作した。		
改善効果	絶縁フックを使用してから、ワイヤーに触れても電撃を受けることがなくなった。また、大型クレーンのためフックが大きかったが、絶縁フックを現場の状況に合わせ小さくすることにより、玉掛け作業時の吊りワイヤーの取り扱いがしやすくなった。		
活動内容 改善事項の図、写真	 絶縁フック  使用状況		

Good Practice!

感　電	002	区分	ハード部門
タイトル	架空線接触防止用バックミラー		
動機・改善前の状況	ダンプトラックにて残土運搬処理後、高さ確認用の標識が設置してあるヤード出口の架空線直下を通行するが、回数が頻繁になるとうっかりしてダンプトラック荷台を下ろさないままの状態で通過する危険性があった。		
改善・実施事項	ヤード出口手前に、ダンプトラック運転席から直接荷台の様子が見えるミラーを設置した。その手前で一旦停止し、ダンプトラックの荷台の状況を確認した後、架空線下を通行するよう徹底した。		
改善効果	ダンプトラック運転手が、ヤード出口に設置してあるバックミラーの手前で一旦停止し、運転席から直接荷台の状況を確認することにより、架空線接触事故防止に効果を発揮した。		
活動内容改善事項の図、写真			

感 電	003	区分	ソフト部門
タイトル	分電盤内にケーブルタグを準備し、行先不明ケーブルをなくす		
動機・改善前の状況	延長コードや可搬式電動工具の行先（使用者）が不明なものが多い。		
改善・実施事項	必ず刺し込みに行く分電盤内にケーブルタグと筆記用具を準備することで、行先表示をしていない延長コードや工具はその場で名前を書き付けてもらった。		
改善効果	行先表示の無い延長コードや工具がほぼなくなった。		
活動内容 改善事項の図、写真	タグボックスは写真の市販のものもあるが、目的は分電盤内に置いてあることなので、ペットボトルを切ってガムテープ留め等なんでもＯＫ  不足を補うため朝礼看板や詰所にも同じものを準備した		

14　火災

火　災	001	区分	ハード部門（土木）
タイトル	トンネル坑内の移動式消火設備		
動機・改善前の状況	トンネル坑内においては、100 mに1カ所消火設備（粉末消火器、消火栓、非常灯）を配置し、なおかつ消火設備が必要な作業箇所にその都度配置していた。		
改善・実施事項	軽トラックに移動可能な消火設備【「粉末消火器」「強化液体消火器」「携帯消火器」「オイルマット」「消火ホース設備」】を設置し、トンネル坑内に配備した（距離に応じて台数を増加）。		
改善効果	トンネル坑内における火気使用作業時、必要箇所に簡単に配備できた。 また、油・電気・普通火災に対応した設備を搭載しているため、作業に適さない消火器を間違って配備するようなことがなくなった。		
活動内容 改善事項の図、写真	  		

15　交通事故

交通事故	001	区分	ハード部門（土木）
タイトル	トンネル坑内車道における待避所の明確化		
動機・改善前の状況	トンネル坑内は片側交互通行のため、150ｍピッチに待避所を設けているが、待避所の位置が分かりにくかった。		
改善・実施事項	トンネル側壁に設置している照明用の蛍光灯の色を、待避所前後は緑色で表示した。		
改善効果	遠くからでも待避所の位置がわかりやすく、また、蛍光灯の色を替えるだけなので工費も安価ですむ。また、待避所だけでなく消火器の位置も赤色で明示したりして、他の物についても応用できる。		
活動内容 改善事項の図、写真			

Good Practice!

交通事故	002	区分	ハード部門
タイトル	出入口の視界確保による交通事故の防止		
動機・改善前の状況	工事用の仮囲いは、敷地いっぱいに取り付けられる。そこに出入口を設けると、仮囲いが目隠しとなって左右がよく見えない状況になり、歩行者や車との交通事故が発生しやすくなる。		
改善・実施事項	出入口ゲートの左右の囲いを透けて見えるように網のものとする。		
改善効果	左右の確認をより広い範囲でできるようになり、交通事故の防止に役立つ。		
活動内容改善事項の図、写真			

Good Practice!

16　その他

その他	001	区分	その他部門
タイトル	近隣地域町内会との交流（かかしコンクール・餅つき大会）		
動機・改善前の状況	建設現場を開設することは、地域の住民に対し少なからず影響を与えることとなり、地域住民の理解なしでは円滑な現場運営は困難である。このことから、現場として地域住民の理解を得るため活動を実施することとし、地域の行事へ参加し、地域住民の方々にも現場の行事へ参加していただいた。		
改善・実施事項	現場のある地域では、毎年、初秋の時期に商店街主催のかかしコンクールが開かれている。このコンクールに、職長会を中心に4体のかかしを出展した。また、常日頃お世話になっている近隣や町内会の皆さんに1年の感謝の意味もこめて、現場の安全大会に参加していただき、近隣・町内会役員の皆さんの参加のもと、餅つき大会を実施した。		
改善効果	かかしコンクールに参加したことに対し、町内会の皆さんにも非常に喜んで頂き、出展した作品の中には、賞を頂いたものもあった。「かかし」を通じて近隣の皆さんとのコミュニケーションの和が広がった。また、餅つき大会を通じて地域の皆さんが現場の社員、協力会社の作業員と接することにより、作業所のありのままの雰囲気を感じてもらった。好印象をもっていただき、現場に対する理解を深めてもらった。		
活動内容 改善事項の図、写真	出展した作品 表彰をいただいた作品もあった 現場で開催した餅つき大会に近隣の方も参加		

Good Practice!

その他	002	区分	その他部門
タイトル	地元小学生に対する現場見学会の開催		
動機・改善前の状況	工事場所の一部が集団登校の集合場所になっており、小学校に説明に行った際ＰＴＡ、先生方より社会見学の一環として工事の概要を説明してもらいたいとの申入れがあった。また近隣住民の方々からも工事の方法、進捗状況の質問がたびたびあった。		
改善・実施事項	小学生の全校生徒を数回に分けて現場見学会を催した。またその際に「掘削土の展示コーナー」や「体験コーナー」を設けた。後日、小学生からお礼の手紙や感想文をいただいたため、通学路の仮囲いに掲示した。		
改善効果	小学生やＰＴＡの方々にたいへん喜んでいただき、工事に対する理解が増した。また近隣住民の方々からも見学希望をいただき、町内会を窓口にした見学会を数回にわたり実施して好評を得た。		
活動内容 改善事項の図、写真	 地下へ降りての見学  体験コーナーでの学習 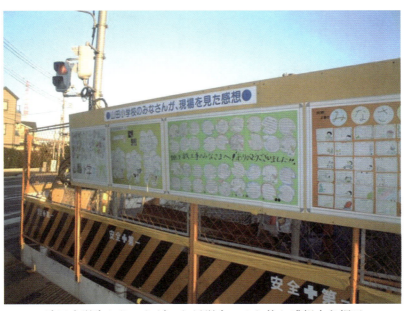 地元小学生からいただいた見学会へのお礼と感想文を掲示		

その他	003	区分	ソフト部門
タイトル	近隣住民からのご意見箱		
動機・改善前の状況	近隣関係者からの現場に対する要望、苦情等は、電話や口頭ではなかなか話せないことがあり、地元の意見等がストレートに伝わってこないことが多かった。		
改善・実施事項	現場の事務所前に「ご意見箱」を設置し、誰でも意見、苦情等を文書で投函できるようにした。		
改善効果	地元の意見や苦情が文書で多く寄せられるようになり、現場が地元要望にタイムリーに応えられるようになった。山間での厳しい自然条件下での工事でもあり、激励の言葉や現場見学会の要請等もあり、近隣とのコミュニケーション向上に効果は大きかった。		
活動内容 改善事項の図、写真			

その他	004	区分	その他
タイトル	近隣への工事内容説明		
動機・改善前の状況	建設反対の環境の中での工事着工となり、近隣住民とギクシャクした関係が続いた。		
改善・実施事項	毎月月末に騒音、振動、粉じん作業を明記した工事工程表を一軒一軒配り説明した。		
改善効果	あらかじめ工事内容を説明することにより工事中の騒音、振動等に理解を得られた。また、顔を合わせて説明することにより互いのコミュニケーションも良くなり、近隣の率直な意見も聞け、速やかな対応ができるようになった。		
活動内容 改善事項の図、写真			

 Good Practice!

その他	005	区分	その他
タイトル	工事説明看板の設置		
動機・改善前の状況	新潟西海岸工事は、侵食と地盤沈下により失われた砂浜を取り戻すための工事であり地域の関心は高い。しかし、そのほとんどの作業が海中であり、海中の様子が判らなくてどこにどんなものを設置するのかという質問が多かった。		
改善・実施事項	陸上にて製作したブロックをどこに設置するのかを説明した看板を、施工場所がよく見え、かつ地域の人が散歩するコース付近に設置した。		
改善効果	施工現場は地域の人が散歩などをするコースからよく見え、かつ海水浴場にもなっているため、従来から地域の関心が深い工事であったが、施工に関しての具体的な看板を設置したことにより、現場に対する理解をより一層深めてもらった。		
活動内容 改善事項の図、写真			

Good Practice!

その他	006	区分	その他
タイトル	地元園児との交流（クロダイ稚魚の放流）		
動機・改善前の状況	工事施工箇所の岸壁には、地元の釣り愛好家が頻繁に訪れ、釣りを楽しんでいた。工事施工に際し、施工中の立入禁止をお願いするとともに、地域住民との交流を深め理解を得ることを目的として、入善海岸出張所の指導のもと、地元の2保育所から園児を招待し、富山県漁連の協力によりクロダイ稚魚の放流を実施した。		
改善・実施事項	・保育園児と稚魚6000匹とのふれあい ・岸壁からの稚魚の放流		
改善効果	保育園児による稚魚放流の様子は、地元ケーブルテレビに放映された。 　また、この時の様子を保育園児に絵を描いてもらい、離岸堤施工箇所の前に、当日の写真と共に掲示したことにより、地域の方々の現場に対する理解を深めてもらった。		
活動内容 改善事項の図、写真	魚とのふれあいの様子 クロダイ稚魚放流の様子 現場掲示板		

その他	007	区分	その他
タイトル	献血による社会貢献		
動機・改善前の状況	職長会にて「建設業は事故が多い産業であり、手術で輸血を受ける可能性が多いのでは？」との意見があったため。		
改善・実施事項	労働安全衛生週間の行事の一環として、献血を行った。		
改善効果	安全に対する意識の向上と、社会貢献・地域貢献をすることができた。		
活動内容 改善事項の図、写真			

Good Practice!

その他	008	区分	その他（地域コミュニケーション）

タイトル	顔写真つきインフォメーションボード
動機・改善前の状況	都市部における工事では地元住民から普段見慣れない現場関係者がいることにより、嫌がられることが多い。
改善・実施事項	現場関係者の顔写真を現場外のインフォメーションボードに貼った。
改善効果	現場関係者の顔写真を現場外のインフォメーションボードに貼ることにより、地元住民が容易に当工事関係者であることが判別できるとともに地元住民とのコミュニケーションも取り易くなり、イメージアップにも繋がった。
活動内容 改善事項の図、写真	記載内容 ・所属会社名、職種、氏名 ・出身地、好きな食べ物

 Good Practice!

その他	009	区分	その他部門
タイトル	現場外周部の鉢植えと清掃による美化		
動機・改善前の状況	建設現場というと３Kのイメージがある。現場の近くを通行される方に良い印象を持って頂き、現場への理解を深めてもらうことはできないかと考えた。 　現場内の清掃・美化に努めることは当たり前のことであるが、現場付近の道路・歩道をきれいにすることも大切なことである。		
改善・実施事項	仮囲い部、ゲート廻りに大きめの鉢植えを配置した。 　現場が面している道路・歩道の清掃を一斉清掃に合わせて、現場職員・作業員にて実施することとした。		
改善効果	季節毎に花が咲き、緑が増えることにより、現場外周部の雰囲気が良くなった。車輌入退場時の歩行者の誘導にも余裕が出てきたような感じである。また、清掃により作業所の周りが非常にきれいな状態となり地域に貢献できた。現場で働く１人ひとりの作業員に対する近隣の皆さんの理解も深まってきたようである。		
活動内容 改善事項の図、写真			

Good Practice!

その他	010	区分	その他部門
タイトル	現場における「一般ゴミ」の分別		
動機・改善前の状況	「コンビニのゴミは現場から持ち帰るように」と指導していたが、なかなか徹底できなかった。		
改善・実施事項	市の委託回収業者と契約（週3回回収）し、現場事務所階段下に「事業所系一般ゴミ」の回収ボックスを設置し、「燃えるゴミ、燃えないゴミ」に分別した。		
改善効果	当社の「温かい思いやりと心くばりを現場の隅々まで」のスローガンの一環として実施したことが、現場環境のアップと現場から出る建設副産物の分別効果として高まった。		
活動内容 改善事項の図、写真	回収ボックスは「燃えるゴミ」4個・「燃えないゴミ」3個を用意し、3社現場事務所及び作業員休憩所から各自が適時ゴミを回収ボックスに入れることにより、常時、事務所・休憩所の環境を良好に保つ効果を図った。 　現場事務所階段下の回収ボックスの蓋には、「燃えるゴミ」「燃えないゴミ」の表示、壁には「事業所系一般ゴミ置場」「燃えるゴミ」「燃えないゴミ」の表示を行った。 　また、現場全体の「当現場の分別ルール」にも表示し、現場から出る建設副産物は分別コンテナ等に、事務所・休憩所から出る一般ゴミは回収ボックスに入れるルールを新規乗込時教育、朝礼、災害防止協議会等で周知徹底を図り、かつ朝礼場掲示板・会議室・休憩所等に掲示した。 「一般廃棄物・収集運搬委託契約書」を市の委託業者と契約  　当現場の分別ルール 		

その他	011	区分	その他部門
タイトル	間伐材を利用した手すりと階段ステップ		
動機・改善前の状況	当社の経営理念である「考えたいのは地球の未来です」を現場に反映すべく環境に優しい現場作りを目指すこととした。		
改善・実施事項	作業員の休憩所から現場に向かう安全通路に現場で伐採した間伐材を再利用し、自然材を生かした手すりを設置するとともに、チップ材として網袋に詰め、歩行での滑り止めとして設置した。		
改善効果	毎日の現場入退場時に通路を渡るたびに、作業員1人ひとりが自然環境に対する思いやりと、自然材の暖かいぬくもりを感じることができ、環境に対する意識高揚に貢献した。		
活動内容改善事項の図、写真			

Good Practice!

その他	012	区分	その他部門
タイトル	空き缶を利用した席札の作成		
動機・改善前の状況	詰所に配置しているテーブルは、概ね使用する者が決まっているようであるが、ガムテープを貼り付けた上に会社名を記入したり、私物を置き放しにすることで場所取りをする等、詰所内が乱雑になりやすくスマートな使い勝手ではなかった。		
改善・実施事項	350ccサイズの飲料用空き缶を2つ繋げて立柱状にし、色紙に会社名を印刷して視認性を高めるとともに、清潔な印象を与える席札を作成した。この席札をテーブル上に置き、各協力会社の使用する場所を明確にした。		
改善効果	① 使用できるテーブルが一目でわかるようになり、新規入場者も迷うことがなくなった。 ② テーブルの取合いがなくなり、詰所も和やかな雰囲気になった。 ③ 使用者が明確になったため、整理整頓を気遣うようになり、詰所が整然とした印象になった。 ④ 空缶のリサイクルであるので費用が掛からない。 見やすく、ローコストな席札として環境にも効果があった。		
活動内容 改善事項の図、写真	 		

その他	013	区分	その他
タイトル	トンネル坑内排気の新しい利用方法		
動機・改善前の状況	坑内換気に利用している送風機から送られる多量の排気風量は、坑口より単に吐き出されていた。		
改善・実施事項	坑口の吐き出し部分に風力発電機を設置し、変換した電力を現場内にて再利用（トンネル内安全通路のチューブライト用電力）している。		
改善効果	風力発電の発電電力は小出力で、コスト縮減や、環境負荷低減への効果は少ないが、このささやかな取組や姿勢が、環境問題への意識高揚や工事現場のイメージアップに繋がると考える。		
活動内容 改善事項の図、写真			

Good Practice!

その他	014	区分	その他（環境）
タイトル	場内仮設照明ランプの省エネルギー化		
動機・改善前の状況	仮設吊り下げ照明の電灯にシリカ電球（100 V・54 W）を使用		
改善・実施事項	パルックスパイラルボール（100 V・13 W）（価格はシリカ電球の倍）に交換した。		
改善効果	消費電力 70 ～ 80％削減し、寿命も約 6 倍長持ちする。 　価格差以上の省エネ効果が高く、作業環境の維持に役立ち、危険な暗がりの作業・移動が減らせる。		
活動内容 改善事項の図、写真			

その他	015	区分	ハード部門（土木）
タイトル	坑内換気の改善		
動機・改善前の状況	坑内換気には送気方式と排気方式があるが、それぞれメリット・デメリットがあり、トンネル延長が長く、後方で２次覆工などの作業がある場合排気方式（切羽に送気併用）が有利であるが、吸込み口の移動に時間がかかり、前送りが遅れ気味になっていた。		
改善・実施事項	吸込み口の機械本体に吸い込んでもへこまないジャバラの風管を取り付け、それをリモコンで前送りすることで、切羽と吸込み口の距離を短くした。		
改善効果	排気方式のため、坑内後方はもちろん、切羽の粉じん発生源から吸出し口までの粉じん浮遊区間を短くでき、坑内環境が以前と比較してずいぶん良くなった。		
活動内容改善事項の図、写真			

その他	016	区分	ハード部門（土木）

タイトル	強化ガラスを利用した足元照明
動機・改善前の状況	切羽近くは、発破の飛び石の関係で蛍光灯等の固定照明が設置できず、照度の確保が困難であった。
改善・実施事項	鋼材に強化ガラスを取り付け、その中に蛍光灯を組み込み、照度不足がちな足元の位置に設置した。
改善効果	強化ガラスを使用し、横長にすることにより通常の照明器具が設置困難な位置や場所に設置が可能になった。特に切羽直近の重機側面の照度が確保できるようになり、安全環境が格段に改善された。
活動内容 改善事項の図、写真	

その他	017	区分	ハード部門（土木）
タイトル	竣工済立坑へ到達する共同溝トンネルにおける回収型シールド機（やどかり君）の適用			
動機・改善前の状況	到達立坑は竣工済で、マシンの押出しや地上からのアプローチができないため、マシン解体時の作業環境の悪化や既設構築への悪影響が懸念された。			
改善・実施事項	マシン解体時において、最も作業環境が悪化する駆動部本体のガス切断撤去作業をなくすために、本体と駆動部がボルト接合された回収型シールド機（やどかり君）を採用し、シールド工法では初めて、駆動部本体の坑内回収を行った。			
改善効果	閉塞された作業環境の到達部でのマシン解体作業が、シールド掘進時に使用した換気設備のみでも、良好な作業環境で実施できた。また、マシン解体作業中に見学会等が実施されたが、特に作業を中断する必要なく、工程的にも従来仕様のシールド機よりも有利であった。			

駆動部反転

回収台車　転倒防止鋼材

駆動部坑内搬送

Good Practice!

その他	018	区分	ハード部門（土木）
タイトル	トンネル工事の移動式防音・防塵扉		
動機・改善前の状況	従来の防音壁はその都度構築、解体、移動等が発生するため、作業効率が良くなく、発破の爆風による制動性に劣り、掘削領域の作業環境が良くなかった。		
改善・実施事項	防音壁の上部に給気ダクトおよび排気ダクトを、下部に走行機構および制動機構を備え、前部のトンネル断面を被覆し、重機等の走行可能な開閉扉を有する設備台車を考案。		
改善効果	換気設備を装備した設備台車切羽側に防音壁を設置することで、切羽作業で発生する粉じんの移動を遮断し換気効率を向上させることができ、切羽環境を短時間で改善し後方の覆工作業等の環境低下を防ぎ、坑内全体の作業環境維持に効果を発揮する。		
活動内容改善事項の図、写真	給排気ダクト 開閉扉　　走行機構・制動機構		

その他	019	区分	ハード部門（土木）
タイトル	浚渫土固化処理工事における展望台の設置		
動機・改善前の状況	広範囲における10台以上の重機による輾轢作業であるため、重機と人との分離が困難な状況が想定された。		
改善・実施事項	仮設展望台を設置し、職員や見学者等が重機作業箇所に近づかなくても、作業状況が把握できるようにした。		
改善効果	高い視点から全体的に作業状況を把握することができ、見学者からも好評であった。		
活動内容 改善事項の図、写真			

その他	020	区分	ハード部門（土木）
タイトル	海浜における夏期の第三者進入防止対策			
動機・改善前の状況	本工事は一部開放済の海浜工事であるが、夏期工事休止期間に、工事区域内への第三者の進入防止対策が必要であった。			
改善・実施事項	夜間電光式の大型立入禁止看板を設置した。また海上からの進入防止のため文字入りのフロートを設置し進入防止対策を行った。			
改善効果	大型看板および進入防止フロートを設置することで第三者の進入もなく、十分な対策を行えた。			
活動内容 改善事項の図、 写真				

その他	021	区分	ハード部門（共通）
タイトル	杭打機足場用敷鉄板の敷設・移動方法の改善		
動機・改善前の状況	従来の敷鉄板の敷設・移動は、移動式クレーンと作業員により行われていて、敷鉄板の下敷きによる災害が発生し、また、作業効率も悪かった。		
改善・実施事項	ホイルローダー（四輪駆動式）に鉄板移動用の専用のアタッチメントを取り付ける事をメーカーと共同で考案した。		
改善効果	専用のアタッチメントを取り付けることにより、作業員の介添え作業が不必要となり、鉄板の取扱いによる災害もなくなり、作業効率も格段に良くなった。		
活動内容 改善事項の図、写真			

Good Practice!

その他	022	区分	ハード部門（土木）
タイトル	ＩＣタグを用いた骨材混入防止・運行管理システム		
動機・改善前の状況	従来の購入骨材によるダム現場においては、現場までのダンプ運行状況や重量等の管理を骨材業者に一任していた。また現場では搬入した骨材を投入する際、作業員が車両近傍で骨材を確認してから行っており、車両との接触の危険性があった。		
改善・実施事項	ダンプトラックにＩＣタグを貼付し、出荷場所で積載骨材種別、重量、出荷時間等の情報をタグ内に書込み、搬入した際にそのデータを自動読込みさせることで、設備を自動運転させるとともに、タグ内の情報をリアルタイムでＰＣにより確認できるようにし、車両との接触防止、過積載防止、運行速度把握等に役立つシステムを開発した。		
改善効果	ダンプトラック全ての運行速度、積載重量等の情報がリアルタイムで把握できることから、問題がある場合でも即時の対応が可能で、運転手自らの安全意識高揚に繋がった。また骨材搬入の際には、車両近傍に作業員が行くことが無いため、接触事故防止が確実に実施できた。		
活動内容 改善事項の図、写真			

その他	023	区分	ハード部門（土木）
タイトル	ケーソン吊上作業時の視認性の向上			
動機・改善前の状況	ケーソン吊上場所においてケーソンと起重機船の間に防潮堤（H＝10m）があり、起重機船操作室から防潮堤背後の作業員の配置状況などを確認することができず無線による確認のみで作業を行ってきた。			
改善・実施事項	防潮堤天端に無線ＬＡＮカメラを設置し、防潮堤背後を撮影し、操作室にてモニターによる視認を可能にした。			
改善効果	防潮堤背後の作業員の配置状況、ケーソン地切り時の状況、ケーソンが防潮堤上を通過するための揚程を無線による音声のみでなく、モニターで直接視認できることから、安全性の向上のみならず操船者の緊張低減にも効果があった。			
活動内容 改善事項の図、写真	改善事項図 モニタリング（操作室） カメラ映像（操作室）			

その他	024	区分	ハード部門（土木）
タイトル	浚渫作業の浚渫土による汚濁防止対策		
動機・改善前の状況	土運船と汚濁防止枠の間にブルーシートを設置して、浚渫土の水中落下防止対策としていたが、効果に疑問がある。		
改善・実施事項	ブルーシートの変わりに、アングルとコンパネで土砂受けを作成し、土砂が落ちても汚濁防止枠の中に戻るように設備した。		
改善効果	掘削土が海中に落下して、浚渫作業に伴う海域の水質汚濁が防止できる。		
活動内容改善事項の図、写真			

その他	025	区分	ハード部門（土木）
タイトル	土砂や泥水の海中落下防止設備		
動機・改善前の状況	グラブ船による浚渫作業時、汚濁防止枠と土運船ホールド間の土砂及び泥水海中落下防止措置として、落下防止シートを展張し水質汚濁の低減を図っていたが、①離舷時シートを土運船上に格納する際、不安定な姿勢でたくし上げなくてはならない。②強風時、展張したシートが破断し取替え作業が必要となる。また、その間浚渫作業を待機する必要があった。		
改善・実施事項	落下防止シートに換え、折りたたみ式のシュートを製作しグラブバケット旋回範囲の土運船舷側に設置した。		
改善効果	浚渫作業終了後の海中落下防止設備の土運船への取込みが容易となった。 風による破損もなくなったことにより施工能率を落とさず、安全に施工するとともに、土砂及び泥水の汚濁防止枠外への海中落下を防止した。		
活動内容 改善事項の図、写真	海中落下防止設備設置状況		

その他	026	区分	ハード部門（土木）
タイトル	粉じん防止用ミストシャワー		
動機・改善前の状況	防音ハウス内のずり積込み及びダンプトラックによるずり２次運搬に際し、粉じんが発生する。防音ハウス内の舗装路盤に人力で散水を実施し粉じんを防止している。		
改善・実施事項	防音ハウスシャッター上部にミストシャワー（霧状）発生装置を設備し散水を実施した。		
改善効果	散水では完全に除去できない粉じんに対し、シャッター上部からミストシャワー（霧状）を自動で散布する事により、微細な粉じんを除去することができた。換気システムが吸引であるのでミストシャワーが内部まで吹き込む利点と霧状自動散水であるので舗装路盤の過剰散水や１日200台を超える車両出入り口での人力散水作業がなくなり、安全性の向上に大いに寄与できた。		
活動内容 改善事項の図、写真	ミストシャワー実施状況		

その他	027	区分	ハード部門（共通）
タイトル	ＴＶカメラによるクレーン作業の安全確保		
動機・改善前の状況	クレーン作業では手合図、無線を利用していたが、オペレーターが高所のため作業状況が見えにくい状況にあった。		
改善・実施事項	ＴＶモニターをオペレーター席に設置し、吊荷や作業員の位置が確認できるようにした。		
改善効果	ＴＶカメラを作業全般に使用して死角部分の作業に効果を発揮した。また、ＴＶカメラによりオペレーターが作業状況を確認でき作業性の向上と安全作業の推進が図れた。		
活動内容 改善事項の図、写真			

ＴＶカメラ設置位置

ＴＶカメラ

モニター

Good Practice!

その他	028	区分	ハード部門（土木）
タイトル	色彩効果を利用した坑内蛍光灯の工夫		
動機・改善前の状況	坑内にある消火器や非常灯、坑内電話、緊急資材置場などの設置位置は看板だと目立たないため、緊急時に誰もがすぐに見つけ易い表示方法はないか考えた。		
改善・実施事項	坑内に設置する蛍光灯の色をそこだけピンクとグリーンの2色のカラー蛍光管（既製品）に変えることで、坑口からの距離、消火器位置等を示すことにした。		
改善効果	通常の蛍光管と並んでいても目立つため、直線部分でも消火器等の位置がわかり、緊急時でも即座に見つけられるよう配慮した。また、坑口からの距離表示灯も兼ねているため、位置確認も容易になった。カラー蛍光管はリースのため、他現場でも簡単に採用でき、水平展開されている。		

活動内容
改善事項の図、写真

ピンク色；消火器位置（50mおき）を示し、緑色；非常灯の位置を示す

消火器位置（ピンク色）

非常灯位置（緑色）

その他	029	区分	ハード部門（共通）
タイトル	色分けによる作業ヤード区分		
動機・改善前の状況	これまでは、安全通路と重機・クレーン作業ヤード等を同一色のカラーコーンで区分していたため、安全通路と作業ヤードの区分が識別しにくかった。		
改善・実施事項	色彩効果を利用し視覚による注意喚起を促すため、3色カラーコーンを使って作業ヤードを以下のように区分した。 ①　青色コーン → 安全通路 ②　赤色コーン → 重機、クレーンの作業半径内立入禁止区域 ③　黄色コーン → 資材置場		
改善効果	3色のカラーコーンによる色彩効果で安全区域、危険区域等を明確に識別することができ、安全かつ整然とした作業環境となった。		
活動内容 改善事項の図、写真			

Good Practice!

その他	030	区分	ハード部門（共通）
タイトル	色彩効果を利用した安全設備		
動機・改善前の状況	普段何気なく現場内で使用している安全設備に対するイメージは意図せずして固定されているように思われる。安全設備の色、形等を工夫することによって現場の安全性、安全意識の向上を図ることができるのではないかと考えた。		
改善・実施事項	1．作業中親綱の存在を作業員に印象づけるため、とりわけ目立つように蛍光色の親綱を使用した。 2．業者毎に別々の色のカラーコーン、バリケードを使用させて各業者の作業エリアを明示させた。		
改善効果	1．作業中の安全帯の使用を作業員に促すことができた。 2．業者毎の作業エリアの明示が明確となり、また他業者を意識させることにより安全に対する意識が向上した。		
活動内容 改善事項の図、写真	蛍光色の親綱の使用 【改善前】 親綱を設置してはいるが、親綱が目立たずその存在に気付きにくかった。 【改善後】 作業員に親綱の存在を印象づけて安全帯の使用を促すことができた。		

| 活動内容
改善事項の図、
写真 | 業者毎に色分けしたカラーコーン、バリケードの使用

【実施状況】

業者A　　　　　　　　　　　　業者B

業者毎の作業エリアの明示が明確となり、また色分けして他業者を意識させることにより安全に対する意識が向上した。 |

その他	031	区分	ハード部門（共通）
タイトル	ドームミラー設置		
動機・改善前の状況	作業ヤードに資材等が仮置きされた際、クローラクレーン旋回時及び生コン車通行時死角が多く発生するので、運転席の視界範囲を広げたいため。		
改善・実施事項	ドームミラーを作業ヤードに設置（多数）した。		
改善効果	クレーラクレーンの運転席視界範囲が広くなり、特に作業員が確認できるようになった。		
活動内容改善事項の図、写真			

その他	032	区分	ハード部門（共通）
タイトル	監視カメラによる現場管理		
動機・改善前の状況	都心の現場では現場事務所と作業所が離れているため、入場者や来場者に会うことが非常に手間取っていた。また日曜・祭日や夜間の盗難防止対策は施錠のみで特別なことは行っていなかった。		
改善・実施事項	現場入場口や場内全景が見える場所に監視カメラを設置し、パソコンにつないで見られようにし、またＣＤに保存するようにした。		
改善効果	監視カメラをつけて現場事務所で作業所の状況がＰＣ画面で見えるようになり、入場者や来場者が直ぐ確認でき不必要な行き来をしなくてすむ。作業員についても、行動を見られていると思う緊張感で不安全行動が減少する。また日曜・祭日や夜間は、監視カメラをつけているだけで泥棒よけになり、ＣＤに保存すると盗難が発生しても事件が速く解決する。		
活動内容改善事項の図、写真			

その他	033	区分	ハード部門（共通）
タイトル	鉄筋を用いた耐圧盤コンクリート打設用足場		
動機・改善前の状況	厚さ2mの耐圧盤を1mずつ2回に分けてコンクリートを打設する際、地中梁上からコンクリートを打設するので、2m下の耐圧下に墜落する恐れがあった。		
改善・実施事項	下部コンクリート打設用足場として、耐圧上下筋の間にD13@100で鉄筋を配筋した。		
改善効果	耐圧中間の打設足場から耐圧盤コンクリートを打設することにより、墜落転落災害を防止できた。		
活動内容 改善事項の図、写真	耐圧盤下部コンクリート打設状況		

耐圧盤下部コンクリート打設状況

その他	034	区分	ハード部門（共通）
タイトル	カラーコーンの嵩上げによる作業区画の明示			

動機・改善前の状況	従来のカラーコーン、コーンバーによる重機廻りの立入禁止措置では、高さが60cmであり無意識にまたいでしまうことがあった。
改善・実施事項	既製のカラーコーンに塩ビ管、レジューサーで嵩上げ部品を作成し、コーンバーの高さを90cmとした。
改善効果	コーンバーの高さを90cmとすることにより、視覚的に明確な作業帯区分として認識できる。またぐことも、くぐることも困難となり、一旦停止の動作が自然に実行できる。軽量で、安価に製作できる。
活動内容 改善事項の図、写真	

Good Practice!

その他	035	区分	ハード部門（共通）
タイトル	1ｔ土嚢作成治具		
動機・改善前の状況	1ｔ土嚢作成時に作業員が袋を介添してバックホウにて土砂を投入するのが通例であり、作業員と重機の接触が考えられた。		
改善・実施事項	土嚢袋を介添なしで自立させ、土砂を投入する際土嚢袋が倒れないような治具を製作した。		
改善効果	治具を使用することにより、作業員と重機の混在作業がなくなった。 また、土砂のこぼれもなく作業効率が良くなった。 さらに作業手順、作業方法がより明確になったことで、重機接触災害の防止が図られた。		
活動内容 改善事項の図、写真			

その他	036	区分	ハード部門（共通）
タイトル	パトライト式風速計		
動機・改善前の状況	河川内の冬期施工で季節風による強風が続き、吹流しを設置していたが作業中止等の基準が不明確で、確認も難しかった。		
改善・実施事項	風速計にパトライトを接続し、現場全体で強風の程度を一目で確認できるようにした。		
改善効果	オペレーターと合図者が同じ認識で作業を行うことができる。 作業中止と作業実施の区分を明確にすることで、安全性を確保しつつ作業の効率を上げることができた。		
活動内容 改善事項の図、写真	警報機能付き風速計の信号を取り出し、出力を3系統に分けリレーで100V3口に振り分けパトライトにて表示した。 当現場では、風速による表示設定を10m/sec以上を黄色、15m/secで赤色とした。		

その他	037	区分	ハード部門（共通）
タイトル	重機作業時の逆光対策		
動機・改善前の状況	一般的にバックホウやブルドーザーには、乗用車やダンプトラック等のようにサンシェードがない。そのため、夕日や夏の強い日差しで視界が幻惑され、操作ミスにつながりかねない。		
改善・実施事項	自動車用のサンシェード（フィルムタイプ）を正面ガラス上部に貼付け、日除けとする。		
改善効果	特に夕暮れ時に日差しが直接目に入らず、まぶしさが低減できる。なお、貼付け面積は上部のみとし、色の濃さも考慮することで、夜間作業時にも支障ないように配慮する。		
活動内容 改善事項の図、写真			

その他	038	区分	ハード部門（共通）
タイトル	中断面トンネルにおける坑内作業環境改善			
動機・改善前の状況	長大トンネルのため切羽周辺にトイレの設置が要求されるところだが、レール工法でもあり、汲取りや臭気、給水対策に苦慮していた。			
改善・実施事項	バイオトイレを採用した。バイオトイレとは微生物の働きだけで排泄物（糞・尿・トイレットペーパー）を分解して処理するため、無臭、汲み取り不要、無水洗のトイレである。			
改善効果	貯水や屎尿タンクがなく比較的コンパクトな形状なので、進捗に合せて常に作業箇所後方に移設が容易となった。また、気になる臭いもなく快適な作業環境の創出が可能になった。			
活動内容 改善事項の図、写真				

Good Practice!

その他	039	区分	ハード部門（共通）
タイトル	長さ別の玉掛けワイヤー置場		
動機・改善前の状況	玉掛けワイヤー置場にワイヤーをまるめて掛けて置くと、ワイヤーの長さの判別がしづらく、手間もかかった。またワイヤーの点検も伸ばさないと点検できなかった。		
改善・実施事項	玉掛けワイヤーを長さ別に掛け、またシャックルも種類別に掛けた。		
改善効果	玉掛けワイヤーの長さの判別がすぐにできるとともに整理整頓ができ、見栄えもよい。シャックルも種類別に掛けておくことによって判別がすぐにでき無駄な労力、時間を使うことがなくなった。またワイヤーの点検も使用前に一目で容易に点検できた。		
活動内容 改善事項の図、写真			

その他	040	区分	ソフト部門
タイトル	現場危険箇所の見える化		
動機・改善前の状況	新規入場者などへ現場の危険箇所を具体的に実感させるため		
改善・実施事項	現場の危険箇所の手前に、注意する箇所を写真に撮り、注意事項のコメントを付け、ラミネート加工した看板を掲示している。		
改善効果	現場危険箇所の見える化が図れた。		
活動内容 改善事項の図、写真	土砂崩壊への注意喚起 パイロット道路危険予知マップ		

その他	041	区分	ソフト部門
タイトル	現場の安全競争		
動機・改善前の状況	パトロールでの指摘事項の是正忘れをなくすこと、及び現場内コミュニケーションの活性化		
改善・実施事項	店社パトロールの指摘事項、及び、職員、職長、作業員が気付いた是正事項を記入シートに書き込み、該当する協力会社欄（元請会社欄もある）に添付し、是正事項の少なさを競う安全競争の実施、指摘事項の見える化		
改善効果	現場の安全管理状況の向上と風通しの良い現場の雰囲気作りに効果があった。		
活動内容 改善事項の図、写真			

その他	042	区分	ソフト部門
タイトル	書道コンクール		
動機・改善前の状況	現場作業員の安全意識の向上や、現場内コミュニケーションの活性化を図るため		
改善・実施事項	職員、作業員全員を対象とした「安全」という字の書道コンクールを職長会で実施（次回は、「品質」で実施予定）		
改善効果	現場全員の投票で優秀作品を選び、安全大会等で表彰することにより、現場のコミュニケーション活動の一環として実施		
活動内容改善事項の図、写真			

その他	043	区分	ソフト部門
タイトル	職長の安全宣言活動		
動機・改善前の状況	現場の安全衛生管理活動を元請と協力会社が一体となった活動とするため		
改善・実施事項	休憩室の横にサブ掲示板を設けて、「職長の月間安全目標」や「社内通達の展開シート」などを掲示して、安全意識の高揚化と社内ルールの周知徹底を図った。		
改善効果	職長が月間の安全目標をたて、それを顔写真入りのポスターで現場に掲示することで、職長の安全意識の向上が図れた。また、写真入りのポスターを掲示することで、元請職員と職長、職長同士のコミュニケーションが深まった。		
活動内容 改善事項の図、写真			

その他	044	区分	ハード部門
タイトル	死亡災害事例を朝礼広場の掲示板に大きく掲示		
動機・改善前の状況	東京都の下水処理施設の作業所において、クレーン、バックホウ等多くの車両系建設機械が稼動するなかで、それぞれの作業場所特有の作業環境下でいろいろな事故災害が予想された。また、発注者の安全標語が『重機作業の災害防止』であった。		
改善・実施事項	朝礼場所の掲示板に、現在行われている作業に関して予想される数種類の死亡災害事例を大きく掲示し、『こんな事が現実におきて、尊い命が失われています!』の標記も付ける。作業の進捗により適時災害事例を替えていく。そしてこの事例を朝のミーティングや危険予知活動で活かすようにした。		
改善効果	災害事例は実際発生したもので大きな挿絵もあり、作業員が関心を持って見ている。大きめの挿絵(視覚)と職長の話(聴覚)で各作業員の印象に残り、かつ危険予知活動も積極的になった。		
活動内容改善事項の図、写真	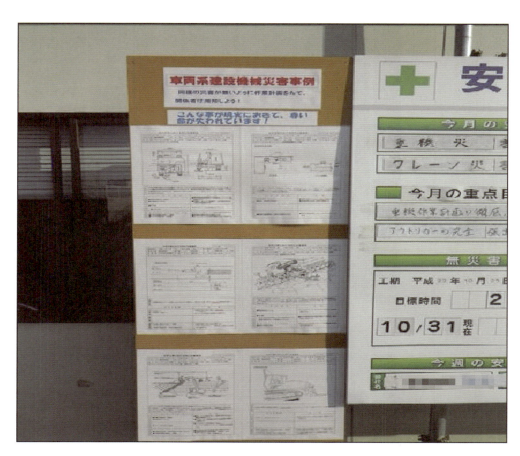 写真では6種類の災害事例が掲示されている		

その他	045	区分	ハード部門
タイトル	第三者の侵入を自動通報		
動機・改善前の状況	工事安全上と居住者の要望から、マンション住民が誤って足場下部などの工事エリアに侵入したり、不法侵入者が足場などの仮設設備を利用してマンション内に侵入することを防止する必要があった。		
改善・実施事項	マンション改修工事において第三者が侵入した時に警報音を鳴らし、メール転送機に信号を送って設定されたメールアドレスに情報を送るシステムを導入し、工事エリアの第三者安全確保と空き巣防止を行った。		
改善効果	侵入通報システムが稼働していることを外部足場に大きく表示したことによる予防効果があり、侵入者による自動通報事例は無いまま工事完了した。		

その他	046	区分	ハード部門
タイトル	既設人孔内作業における安全対策		
動機・改善前の状況	大規模な暗渠地下河川などの安全対策として様々なものが講じられているが、既設人孔内での作業については、旧来の措置は作業者が状態を見て判断することがほとんどであり、特別な対策が講じられていなかった。流域の降雨などの影響により流量が変化することには変わりないことから安全確保のため個別の対策を確立することが必要と思われた。		
改善・実施事項	既設人孔内に流入する雨水幹線は、降雨時流量が増大するため、人孔内作業を行っている作業員の安全性が懸念された。その対策として以下のように考案した。 ① 流出管に流出防止柵（単管@250）を設置した。 ② 人孔内作業に従事する作業員にはライフジャケット着用を厳守させた。 ③ 人孔内にブザー付き回転灯を設置し、降雨時に作動させた。 ④ 流入管に水位監視のわかりやすく目立つマーキングを行った。		
改善効果	① 流入量が急に増大しても作業員が巻き込まれないようになった。 ② 安全意識と安心感の向上につながった。 ③ 降雨時に音と光で危険がわかり、すばやく退避できるようになった。 ④ 誰でも容易に目視で水位の変化が分かるようになった。 以上の効果により、既設人孔内作業を無事故で行うことができた。		
活動内容改善事項の図、写真	流出防止柵設置 — 作業員の飲み込まれ防止 人孔内作業員ライフジャケット着 — 安全保護具着装 水位監視マーキング設置 — 数字で視認しやすい ブザー付回転灯設置 — 音と光で確認		

その他	047	区分	ハード部門
タイトル	床スリーブ養生対策		

動機・改善前の状況

　躯体工事における床スリーブ取付け方法として、通常はボイド管の上面にコンクリートが入らないように布テープ等で蓋養生を行い、コンクリートを打設する。打設後、作業員がつまずくことの無いように堅固な材料（コンパネ等）で蓋養生を行う。また、蓋がずれないよう桟等で、ズレ止めを行う方法で対応していたが、下記の問題点があった。

① コンクリート打設の翌日は、墨出し・型枠大工作業が始まるので、床養生を行う作業と重複してしまうことが頻繁にあり安全性に欠けていた。
② コンパネ等の養生材を使用するとスラブ面より厚み分が出てくるため、逆に作業員がつまずく危険性があった。
③ 床スリーブは比較的壁際付近に取り付けることが多く、型枠敷桟と床養生材とが重なることがあり養生ができていない箇所が見受けられていた。
④ 養生材は上下階に転用することはできるが、最終的には廃材処分となり環境改善に適していないのが現状であった。

改善・実施事項

　上記の問題点からリサイクルできる製品で床養生を行い、トータルコストが掛からない方法でかつ安全性に適する堅固な材料を使用する下記の事項を目標に考案した。

① 鉄板養生蓋による繰り返しの使用が可能なもの。
② コンクリート打設前に養生を設置できるもの（打設前に布テープ貼りの無駄削減）。
③ 養生材の厚みがなく、段差とならないもの。

改善効果

① 鉄板養生蓋なので、強度的にも問題ないので安全性に優れている。
② 床スリーブ管に予め養生蓋を取り付けたことで、コンクリート打設後の養生作業がなくなった。
③ スリーブ間が近接していても鉄板材なので段差がなく、つまずく危険性が改善された。

活動内容 改善事項の図、写真

コンクリート打設前の床スリーブ取付け

鉄板蓋1.2mmを取付け
※鉄板蓋を再利用
※コンクリート打設後に開口養生する必要なし。

ボイド管

その他	048	区分	ハード部門
タイトル	作業所掲示板緊急指定病院表示の工夫		
動機・改善前の状況	労災発生時のための緊急時指定病院を病院名、住所、電話番号を記載して作業所に掲載しているが、緊急時は慌てていることから病院周辺で搬送車がうろうろする事例が過去散見していた。		
改善・実施事項	作業所掲示の緊急時指定病院に病院写真を添付することで、社員及び業務で作業所に来る職長等の頭に無意識に病院姿がインプットされる。		
改善効果	改善内容上、具体的な改善効果が確認しづらいが作業所では好評である。		
活動内容 改善事項の図、写真	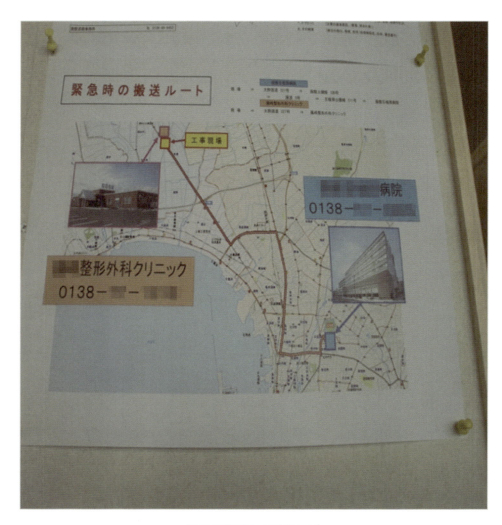		

その他	049	区分	ソフト部門
タイトル	「安全衛生文書の検索ガイドブック」及び「工事事務所で使用する安全衛生関係帳票の解説・記載例」の冊子配布		
動機・改善前の状況	現場で使用する安全衛生文書は、社内ネットワークに掲載し、必要な時随時取り出して使用することになっているが、安全衛生文書は数が多く、多岐にわたっているため「何がどこに掲載されているのか？」また「いつ何を使用したらいいのか？」が判らず帳票が適切に使用されていない状況が散見された。		
改善・実施事項	「安全衛生文書の検索ガイドブック」及び「工事事務所で使用する安全衛生関係帳票の解説・記載例」を冊子にして配布した。1冊ごとに社員名を記載し、個人管理とすることで現場が移動しても持って回れるものとした。		
改善効果	社内ネットワーク上で法令・帳票類を含む安全管理システムは整備されているが、これが第一線の現場で活用されていないことが問題であり、いかにこれらを活用してもらうかを考え、なんでも「社内ネットワークから自分で取り出せ」でなく丁寧な案内（ガイドブック）が必要と考え、「取り出すためのガイドブック」を冊子として配布することとした。この冊子を見れば、社内ネットワーク画面のどこをクリックすれば必要な帳票が取り出せるか判り易くなった。また、工事事務所で使用するものに特定した安全衛生関係帳票の使用方法や作成根拠、注意事項などの解説・記載例をまとめたものも作成し、帳票を作成する意義を判らせることでやらされている感を減じることができた。		
活動内容改善事項の図、写真	安全衛生文書の検索ガイドブック 〜安全衛生文書の種類とSEフォーラム掲載場所の説明〜 工事事務所で使用する 安全衛生関係帳票の解説・記載例 社員番号： 氏　名：		

その他	050	区分	ソフト部門
タイトル	作業員のグループ写真掲示による仲間意識の向上		
動機・改善前の状況	従来は、職長のみの写真を掲示していたが、グループの連帯感を向上させることによる安全管理意識向上が課題となっていた。		
改善・実施事項	グループ写真を撮って（担当工事名、職長名がわかるように）作業員の集まる場所に掲示し、さらにモットーを記載した。		
改善効果	グループ写真が貼られると少し照れくさいが、仲間意識が生まれ、安全活動に一役かっている。		
活動内容 改善事項の図、写真			

Good Practice!

その他	051	区分	ハード部門
タイトル	長距離小口径シールドの安全対策		
動機・改善前の状況	通常小口径（φ2m）の坑内安全通路は、中腰のうえ首をかがめた姿勢での歩行となり作業環境として、良好な状況とはいえなかった。		
改善・実施事項	坑内軌条設備に特殊な低床枕木を採用し、坑内ミニ四輪自転車を利用することで、片道最大3kmある、狭い坑内を楽な姿勢で切羽まで往復している。		
改善効果	無理な作業姿勢が改善され、移動時間も短縮された。		
活動内容 改善事項の図、写真			

その他	052	区分	ソフト部門
タイトル	新規入場時の作業員の事故・災害を防止する		
動機・改善前の状況	新規入場して1週間以内の作業員が、作業所に慣れていないために起こす事故・怪我が多い。		
改善・実施事項	入場1週間以内の作業員には腕章付けと、その所属業者は色付けTBM用紙を使うことで新規入場者及び業者を特定した。 本人に1週間以内の事故・怪我が多いことの認識を自覚してもらい、さらに周囲からの声かけによる事故防止を図った。		
改善効果	自分が事故を起こしやすい環境であることを認識できた。ゼネコン社員、職長や他の作業員からも声をかけてもらい、本人の安全意識を高めることができた。 結果、1週間以内に発生する事故の件数が減った。		
活動内容 改善事項の図、写真	黄色　　　　　　白色 色分けにより新規入場者がすぐ分かる この人を見かけたら、皆で声をかけて安全指導や声かけを実施		

Good Practice!

その他	053	区分	ソフト部門
タイトル	吹流しによる風速の簡易判断装置		
動機・改善前の状況	吹流しを設置しても強風の判断がしにくい。		
改善・実施事項	吹流し設置部分に色分けした風速目盛を取り付け、風速がすぐに解るようにした（金物を単管パイプの先端に刺し込む）。		
改善効果	おおよそで判断していた風速が、目視でわかりやすくなった。 作業所では、ルールや判断基準を決めている。オレンジゾーンに入ったら、決められた監視人に伝達される。監視人はさらに強くなりレッドゾーンになったら計測を始め、10分以上なら作業所長が作業中止を指示（水平より上がる場合は5分で中止）。		
活動内容 改善事項の図、写真			

その他	054	区分	ソフト部門
タイトル	看板の見える化		
動機・改善前の状況	文字ばかりの看板では伝達がしにくいため。		
改善・実施事項	看板やスペーサーの見本などをわかりやすく表示し、職方に伝達している。		
改善効果	文字だけではなく、絵や写真、実物を表示するので、職方に伝わりやすい。		
活動内容 改善事項の図、写真	スカイトイレの総合案内／消火器使用法の表示／消火器置場の総合案内／階段踊場の階数表示／インフルエンザ予防／ゴミ分別の詳細表示／部屋番号と部屋タイプ及びオプションタイムの表示／スカイトイレの案内／スペーサーの見本の掲示		

Good Practice!

その他	055	区分	ソフト部門
タイトル	現場の良い点、悪い点		
動機・改善前の状況	指示書、言葉だけでは、作業所の末端まで指示が伝わりにくい。		
改善・実施事項	現場の良い点、悪い点を写真にて明確に伝え、良い点は見習い、悪い点は、同じことを繰り返さないよう呼びかけ表示をする。		
改善効果	写真を見れば一目で「良い点」「悪い点」がわかり、作業所の末端まで指示が伝わりやすくなった。		
活動内容 改善事項の図、写真			

Good Practice!

その他	056	区分	ソフト部門
タイトル	自己管理点検シート		

動機・改善前の状況

　日々の作業において作業員は、朝礼、ＴＢＭ、ＫＹＫに参加、作業開始、10時休憩、12時から昼休み、午後の作業前の昼礼参加、3時の休憩、夕方作業終了。これで1日が終わるのでは空しく、今日1日を振り返ることにより反省をし、明日への活力になる方法はないかと考えた。

改善・実施事項

　作業員が自分の今日1日の仕事内容をかえりみるための点検シートを考案した。
　点検項目は8項目有り、2週間単位で自分と自分をとりまく現場の状態を確認する内容で、作業終了時の安全確認としても効果が有る。

改善効果

　作業員が日々の自分の作業に対して責任と誇りを持つようになり、自分の仕事を大切にするようになった。
　現場内を巡回点検している時に不安全行動に対する注意などをチェック項目の7.に記載し、自己反省をするようになり、同一、または類似の不安全行動をしなくなった。

活動内容 改善事項の図、写真

自己管理点検シート
二週間単位で自分と自分をとりまく現場の状態を確認するシートです。

チェック実施期間 ： 2012年 1月9日 ～ 1月22日

協力会社　　　　作業所
個人氏名：

終業時に下記チェック項目を確認の上、その通りであれば○、問題があった場合は×を記して、×の場合はその内容を下記欄に簡単に書いて下さい。
また、身体に異常がある時は、職長又は所長・課長に速やかに報告して下さい。
今日の作業の担当者・職長は毎日、確認をしてください。

No.	チェック項目	曜日 月 火 水 木 金 土 日 月 火 水 木 金 土 日
		日 1/9 10 11 12 13 14 15 16 17 18 19 20 21 22
1	今日の作業は無事終了しましたか？	
2	現地KYに参加しましたか？	
3	必要な保護具は着使用しましたか？	
4	現場内の機械・設備に不具合はありませんでしたか？	
5	今日使用した機械・工具類は片付けましたか？	
6	今日の作業でヒヤリ・ハットはありませんでしたか？	
7	今日、何か注意を受けた事はありませんでしたか？	
8	その他	

協力会社　　　作業所 担当・職長の確認印

No.	上記事項で×が有った場合は、下欄に内容を書いて下さい。

年末・年始 労働災害防止強調期間 「 無事故の歳末 明るい正月 」
※ ヒヤリ・ハットが有った場合や気がかり提案は別用紙にも記入してください。

協力会社 所長確認　協力会社 担当者

Good Practice!

その他	057	区分	黙認・見逃し
タイトル	黙認（M）、見逃し（M）、容認（Y）、をしない、M、M、Y、運動		
動機・改善前の状況	現場で発生する災害の多くは、過去にも発生している災害である。またそのほとんどは、現場作業員にも知られている災害内容であり、現場に居る仲間が危険行動を見逃さなければ発生しない災害である。		
改善・実施事項	仲間同士で黙認（M）、見逃し（M）、容認（Y）をせずに、互いに注意しあうという、誰でもできる全員参加のM、M、Y、運動を実施した。		
改善効果	M、M、Y、運動以前は、「他社の人がやっているから」や「あの人がやっているのだから」と黙っていたり、見てみぬふりや見逃したり、または「すぐに終わるから」や「チョットだから」と許していたが、M、M、Y、運動を始めてから、会社の上下や別会社の人という垣根を越えて一言注意を言いやすい現場の環境になった。		
活動内容 改善事項の図、写真			

その他	058	区分	じゃんけん肩もみ
タイトル	ジャンケン肩もみ		
動機・改善前の状況	建設現場で作業をするには、朝礼はとても大切な作業前の行事である。現場作業の前に体操をして、未だ眠っている脳の動きを活性化することにより災害を減少させる効果がある。 しかし、体操だけでは活性しないので、五感活性運動の取入れが必要である。		
改善・実施事項	五感活性運動として、朝礼前の体操が終わった時に誰彼構わずジャンケンをして、負けた人は勝った人の後ろに回って肩を揉む。 勝った人は次のジャンケンの対戦相手を探し、ジャンケンをし、負けた人は勝った人の列の最後尾の人の肩を揉む。 これを繰り返して、最後のジャンケンで勝った人は負けた人の最後尾の人の肩を揉むと全員の輪ができる。 最後まで勝った人がリーダーとなり「ジャンケン肩もみ」と5回全員で唱和し、「ご安全に」と言って肩を軽くポンと叩いて終わる。		
改善効果	朝礼前に体操をしただけでは五感が目覚めない。そのまま朝礼をやっても実の所は各作業員に浸透していないのが現状である。朝礼前に五感を目覚めさせてから朝礼をすることにより、注意点や仕事上の急所がはっきりと認識できる。 道具不要、慣れ・不慣れがなく何人でも同時に実施できるし、短時間でできる。		
活動内容 改善事項の図、写真	体操が終わったら直ぐ　五感いきいき運動　ジャンケン肩もみ開始 ＊ラジオ体操が終わったら各人が相手を見つけて勝手にすぐやる。 **1 大きな声であいさつ** ・できるだけ大きな声で相手の名前を呼ぶ。 ・一声かけ運動の第一歩になる。 ・相手の名前は保安帽の正面のオデコに書いてある。 ・思いっきり力を入れてジャンケンポン！アイコデショ！ **2 負けた方が相手の肩もみ** ・ジャンケンに勝つと、とっても嬉しい。 ・ジャンケンに負けても早朝から指先運動になり、脳の活性をしてボケ防止になる。 ・ボケ防止が目的ではありません、目的は五感いきいきです。 **3 次のチームと対戦する** ・ジャンケンに勝った濱野さんは高嶋さんに肩をもんでもらいながら、次の人とジャンケンをする。 ・ジャンケンに負けたら勝った人の後ろの人の肩をもむ。 ・これを繰り返しやる。 ・もうこの辺で皆笑い出す。 **4 最後は円くなり肩もみ** ・最後になったら勝ちっぱなしの人が列の最後の人の肩をもむ。これで全員が円くなる ・リーダー「ジャンケン肩もみ」と言い、皆で「ジャンケン肩もみ」と5回唱和する。 ・最後に「ご安全に！」と言ってポンと肩を叩き、解散　朝礼用に整列。		

Good Practice!

その他	059	区分	ソフト部門
タイトル	安全・衛生 5・7・5		
動機・改善前の状況	日常の些細な作業では、つい"安全衛生"を忘れがち・見落としがちになるので、安全標語ではなく、簡単な川柳的 5・7・5 を用いて改善できないかと考え、5・7・5 募集した。		
改善・実施事項	建設現場における安全啓発の 5・7・5 を詠んだもので、作業の注意点を簡潔に詠みあげて日々に注意を促す運動。詠んだものを定期的に安全掲示板に貼り出し、良い作品に対しては、安全大会等で表彰をする。		
改善効果	詠んだ人は詠んだ内容について責任感が生じ、見た人にも覚えやすく、記憶に残りやすい事から、日々の作業や安全衛生への関心が高まった。良い作品に対しては、安全大会等で表彰することにより作業員のやる気を引き出す道具となっている。		
活動内容改善事項の図、写真	安全・衛生 5・7・5 の一例 ◎ディスクサンダー　使うときには　長皮手袋<ul><li>ディスクサンダーを使う時には手首の切創防止のために長皮手袋を着用し手指と手首の保護を必ずする。</li><li>ディスクサンダーは 刃の防護カバーを外してはいけない。防護カバーには ディスクサンダーの性能が刻印されている。</li><li>ディスクサンダーは手首捻挫防止のためにサイドハンドルを付けて使う。</li></ul>◎細いけど　命を守る　アース線<ul><li>アース線が無い電動工具は 現場内への持込み厳禁。延長ケーブル、電工ドラム、電動工具の点検は"み・ぎ・あ・し"で点検し、良好ならば「点検シール」をプラグのすぐ近くのコードに 動かないように貼る。</li></ul>◎近づくな！　あなたは重機に　挟まれる<ul><li>重機のそばで仕事をしていて、常に挟まれないように気をつけることはできないため、最初から重機に近づかないように心がける。でも、近づくときにはグッパーで合図。</li></ul>◎吊荷の下　吊荷の横に　近づかない<ul><li>吊具の点検は"み・ぎ・あ・し"、で点検完了表示をする。</li><li>鉄板はロック付きフックで吊る。</li><li>アイ掛け後 3 秒で吊荷姿を再点検する。</li><li>自分の膝〔30cm〕より高い荷物は、自分のほうに落ちてくる。</li><li>介錯ロープで介錯し 吊荷から 3 m 以上離れる。</li></ul>安全・衛生 5・7・5 あなたも挑戦してみませんか？俺なら もっと良いのができるよ、と言う方は、休憩所に備えている用紙で挑戦して下さい。 5・7・5 記入シート		

その他	060	区分	ソフト部門
タイトル	気懸り提案シート		
動機・改善前の状況	工事現場には、ヒヤリ・ハット以前に注意すべき点や場所があったので、気懸りな場所を探し出すグッズが必要であると考えた。		
改善・実施事項	ヒヤリ・ハット以前の段階で、作業員が気懸りな場所を探し出す「気懸り提案シート」を作り、提案を元に改善・改良を行った。		
改善効果	重篤・重大・死亡災害につながるヒヤリ・ハットが出る前に、気懸りなところを先取りし、リスク回避を実行し、快適な作業環境の確保を可能にさせた。		
活動内容 改善事項の図、写真	気懸り提案用の記入用紙		

○○○○工事事務所

気 懸 り 提 案 シ ー ト

この 気懸り提案シートは 毎日皆さんが 現場で働いていて 又は 休憩をしていて 「ここが気懸りだ」、「あそこが気懸りだ」 と言う所、と言う設備、と言う道具(機械)の選び方、と言う仕事のやり方、など 何でも結構です、 皆さんの 意見を聞かせてください。皆さんの意見を参考に より良い 工事現場にしていきますので こんな事を言ったら笑われる、こんな事しょうも無いことだ、等といわずに どしどし 提案してください。

隠れた良い提案で 皆が快適に仕事が出来るようになります。
是非皆さんの貴重な 気懸りに対する 提案を 待っています。

提案者の 所属会社名 1次   2次   3次
         氏   名
提 案 年月日   年   月   日

何処の

何が

どのように気懸り

このように ならないか

工事事務所の見解

その他	061	区分	ソフト部門
タイトル	事業主の安全に対する思いをポスターに!!		
動機・改善前の状況	類似災害を繰り返したり、軽率なヒューマンエラーによる災害が発生する背景には、"事業主が現場任せで、安全に対して真剣に取り組んでいない"、"事業主の安全に対する思いが、実際にはあまり現場に浸透していない"等も間接的な要因としてあるのではないかと思われた。事業主や現場で働く作業員の安全に対するモチベーション向上の一助として、ポスター作成を考えた。		
改善・実施事項	・その現場における、その会社の実作業に密接に関連する災害事例（写真・図等）を、事業主の"熱い思い"とともにポスターに掲げる。 ・作業員を鼓舞し、作業員の安全に対する意識の高揚を図る。 ・各会社の"事業主の思い"を掲示することにより、会社の垣根を越えた安全に対する業者間の競争意識の芽生え、さらにはコミュニケーションの活性化にもつながることを期待する。		
改善効果	各施工会社の作業員1人ひとりに事業主（社長）の思いが伝わり、より一層、安全に対する意識が高まった。		
活動内容 改善事項の図、写真			

その他	062	区分	ソフト部門
タイトル	安全朝礼の一工夫（安全バトンパス）		
動機・改善前の状況	現場には数社の協力会社が入場しているが、作業員は他社の作業員と話をしたことがなく、相手の名前も知らず、危ない状況があっても声をかけにくいことが懸念された。		
改善・実施事項	朝礼時に陸上競技で使用しているバトンを用いて、安全バトンパスをしている。バトンパスの際に相手の顔を見ながら、「○○さん！ヨイカ！」と渡し、「ヨシ」で受け、次に渡す運動をしている。		
改善効果	同じ現場で働く人が「安全」をつないでいって欲しいという意図から行っている。相手の顔を見て名前を呼ぶことで、相手の体調チェックができるとともに、名前を呼び合うことで他社の作業員であっても名前を覚えるようになり、現場でも声をかけやすい雰囲気になった。他業者との一体感が生まれ、安全を「つないでいく」という意識改革に寄与している。		

活動内容 改善事項の図、写真

① 1列に整列し、先頭から順にバトンパスします。

② 「○○さん！ヨイカ！」→「ヨシ」と顔を見ながら受け渡します。

③ 順次、後方へバトンパスします。

④ 列の最後までいったら、今度は前の方へバトンパスをします。

その他	063	区分	ハード部門
タイトル	現場作業員による「アイデア看板コンテスト」の開催と看板掲示		
動機・改善前の状況	建設現場には様々な安全看板類が掲示されているが、ルールを徹底させるためにも、作業員自らがモデルになった看板の製作を考えた。		
改善・実施事項	現場の職長会主催で、オリジナルの安全看板のアイデアを募集。実際にＰＣを使用して看板を製作し、職長会の投票で優秀作品を選出。応募看板は場内に掲示した。		
改善効果	看板は現場に彩りをもたらしてくれるばかりでなく、自分がモデルとなった看板により、当該作業での不安全行動をしない意識が各人に芽生えてくれているものと考える。		
活動内容 改善事項の図、写真	場内掲示状況  看板例		

その他	064	区分	ソフト部門

タイトル	「安全の見える化動画」の開発と展開
動機・改善前の状況	建設現場ではヒューマンエラーによる類似した事故災害が繰り返し発生している。コンピューターグラフィックスを駆使してリアルな事故災害事例集を作成し、作業員に見せることで類似災害を減らせるのではないかと考えた。
改善・実施事項	事故災害事例55事例をコンピューターグラフィックスにて作成。工種別に5枚のDVDに納め、「安全の見える化動画」として弊支店各現場及び協力会社に2,000セットを配付した。また、当DVDは現場の作業員休憩室等でモニターにてリピート再生し、多くの作業員の目に止まるよう運用している。
改善効果	経験の浅い作業員にはビジュアルで解りやすい教材として活用、ベテラン作業員には動画でリアルな災害事例を見せることで「事故災害は怖い」「自分も災害を起こすかも知れない」という意識を持たせることができ、危険軽視の改善効果が期待できる。
活動内容 改善事項の図、写真	事故災害事例は「共通編」「基礎編」「躯体編」「内装編」「設備編」の5編で構成、現場の工事進捗状況に合わせたDVDを作業前に見せることで、その日の作業の中に潜在する危険を未然に防ぐ効果を期待している。「見える化動画」を作業員に見て貰った感想は【事故速報では伝わらない災害原因が伝わってくる。】【見て思わず「痛い」と声が出た。】【他人事と思っていたが自分も気をつけようと思う。】【見てドキッとした。事故の怖さが伝わってくる。】【経験の少ない作業員でも動画なら解りやすい。】と肯定的な意見が多く寄せられている。 災害事例動画 台車がスロープで暴走　　　　　　　　　見える化動画 　　　　　　　　　　　　　　　　　　　作業員休憩室にて上映

Good Practice!

その他	065	区分	ソフト部門
タイトル	「安全教育・周知事項」掲示板（作業員詰所）		
動機・改善前の状況	安全教育及び災害事例などの作業員教育は資料を配布して行っていた。しかし、一度の説明だけでは、聞くだけで終わっている懸念があった。		
改善・実施事項	作業員詰所に ① 安全教育資料（毎週行っている教育資料の掲示） ② 安全注意事項（現在行っている工事の注意事項の掲示） ③ 安全連絡事項（当現場ルールの周知） ④ 災害事例（現在行っている工事の災害事例の水平展開） を掲示した。		
改善効果	安全教育・周知事項を掲示することで注意喚起し、一度の説明を聞くだけでなく必要に応じて確認できるようにした。この安全掲示板により災害防止に努めている。		
活動内容 改善事項の図、写真	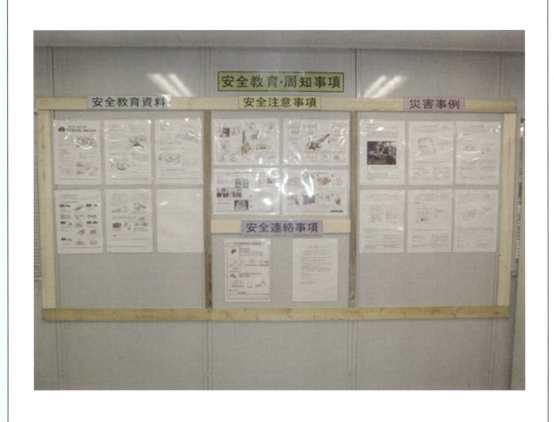		

その他	066	区分	ソフト部門
タイトル	\multicolumn{3}{l	}{日替わりで重点テーマを決めた安全点検}

動機・改善前の状況	安全の点検は広範囲に渡り、1日で点検しようとすると点検が希薄になったり、点検項目に抜けが生じる。
改善・実施事項	曜日毎に重点テーマを定めて安全点検を実施した。
改善効果	以前の点検活動は漠然と現場を眺めるだけで終わりがちであったが、テーマを定めたことで具体的かつ細やかなチェックがなされるようになり、より実践的な現場改善につながっている。
活動内容 改善事項の図、写真	月：交通災害防止、作業員管理 火：職長会合同パト（1班：飛来落下防止、作業員管理、2班：交通災害防止、重機・車両・電気災害防止） 水：重機・車両・電気災害防止、飛来落下防止 木：人と重機の接触事故防止、倒壊・崩壊災害防止 金：クレーン災害防止、墜落・転落災害防止 土：省燃費運転点検の日 日：重機・車両・電気事故防止、人と重機の接触事故防止

安全日誌　月曜日　月　日

確認欄	元方事業者	全協力会社	安全当番

工事名　○○○○工事　○○○○　土木建築工事

本日の重点テーマ・点検記録

交通災害防止	異常	作業員管理	異常
（場内道路）		（服装）	
・大きな凹凸は無いか？	有　無	・ヘルメットはシール等正常か？	有　無
・道路標識に異常はないか？	有　無	・半袖シャツの人はいないか？	有　無
・待機場所に異常はないか？	有　無	・安全帯を着用しているか？	有　無
・路面に番線等ゴミが無いか？	有　無	・保護具は常用、使用しているか？	有　無
（全般走行状況）		（作業環境）	
・走行速度はよいか？	有　無	・日陰、水はあるか？	有　無
・運行許可証は表示しているか？	有　無	（朝礼、昼礼）	
・大型車の誘導は適正か？	有　無	・KYKにサインをしているか？	有　無
・他社に迷惑をかけていないか？	有　無	・KYKは積極的に活動しているか？	有　無
・免許は携帯しているか？	有　無		
・シートベルトをしているか？	有　無	（その他）	
（駐車場）		・建物共管理は良いか？（△△に聞く）	有　無
・入場許可証はあるか？	有　無	・新規入場者教育は良いか？（△△に聞く）	有　無
・車止め、キーの保管は良いか？	有　無	・送り出し教育は良いか？（△△に聞く）	有　無
・駐車状況は適切か？	有　無	・体制表に無い会社が入っていないか？	有　無
		・特別安全教育管理は良いか？	有　無

異常事項内容	是正方法	会社名	担当者	是正確認

統括安全衛生責任者巡視記録欄

現場巡視責任者欄	巡視記録欄	巡視者サイン
現場不在により、統括安全衛生責任者代理を任命します。△△　××　××　××　××　承諾者サイン		確認欄

Good Practice!

その他	067	区分	ソフト部門

タイトル	『見える現場・見せる現場』― みんなの安全・安心を目指して

動機・改善前の状況	当現場周辺は、裁判所や法務局等の官庁施設や、幼稚園・小中学校・高等学校等の学校施設が多く、施設利用者や児童・生徒等の通行者が非常に多い地域である。さらに、一般住宅や店舗併用住宅も多いため、工事車両の運行や早朝・夜間作業、振動・騒音作業への十分な配慮が求められる環境であった。そのため発注者からは「地域住民に安全と安心を与える施工管理」と「全工期無事故・無災害での竣工」を要求されていた。

改善・実施事項	現場のあらゆる部分について「見える化・見せる化」を図り、誰にでも一目で直ぐ分かる安全衛生管理活動により、工事に直接関わる作業員や、工事に影響を受ける地域住民等の全ての関係者に対し、それぞれの役割や立場に相応した安全と安心を提供することを、当工事の安全衛生管理活動の基本方針とした。

改善効果	（1）作業員への「見える化・見せる化」 ① 教育・訓練 　作業員への教育は災害事例や写真・ビデオ等を活用した視聴覚教育として、教育効果を高めた。新規入場教育の他、墜落・転落防止教育、熱中症防止教育、酸欠危険作業特別教育等を実施した。また、実際に危険を擬似体験させ、視覚だけでなく五感に訴えることで、安全意識がより高まるよう、安全体感教育を実施した。さらに、ＡＥＤ（自動体外式除細動器）や緊急用品等の取扱講習会を実施し、使用方法を実際に見ることで、緊急時に冷静に対処できるような訓練も行った。 ② 天候・気候 　朝礼看板には、当日の天気、気温、風速等が明記され、環境情報が一目ですぐ分かるようなっている。さらに、夏場はＷＢＧＴ熱中症指数と予防情報シートの掲示により注意喚起を行い、熱中症防止対策とした。また、「携帯型熱中症計」をＪＶ職員と職長全員に携帯させ、それぞれの作業場所における熱中症指数をその場で測定することにより、熱中症の発生危険度がすぐに分かるようにした。設備的には、大型ミストファンの設置や日除けの付いた臨時休憩所の設置により、作業員の負荷を低減すると共に、視覚的にも涼しさが感じられるような工夫を行った。その他、天候状態の見える化ツールとして、大型クレーンへの落雷防止のため、雷の接近を早期に把握し、作業中止や退避等の対応が迅速に行えるように、雷検知器を活用した。 ③ 健康状態 　体調チェックリストにより、朝食の摂取状況や当日の体調を記入させることで、本人の自覚を促すと共に、実際に平均台を渡り健康状態を目視確認し、状態により適正配置を行っている。また、休憩所には血圧測定器を設置し、いつでも測定できるようしている。 ④ 有資格 　毎日、朝礼後に資格名と氏名を確認表に記入し、資格証の原本をＪＶ職員が確認し、資格毎に色分けされたヘルバンドを着装して作業を行うことで、見える化を図っている。

改善効果	⑤ 墜落転落災害 　墜落転落災害防止のための活動としては、前述の墜落ビデオや墜落体感等による教育の他に、作業員全員に安全帯蛍光カバーを着装させ、安全帯の使用状況の見える化を図っている。さらに、職長や新規入場者が、朝礼台に上がる際は、必ず安全帯を手すりに掛けるルールとし、墜落災害防止のためのキャッチコピーを横断幕やヘルメットステッカーにする等して、日常的に視覚に訴えることで、作業員への浸透を図り、安全帯使用についての意識付けを繰り返し行っている。 ⑥ 現場の良い例・悪い例 　現場のルールや不安全行動について、良い例・悪い例の比較写真を掲示し、視覚的に分かりやすく伝えることで意識付けと再発防止を図っている。 ⑦ 足場の昇降口 　足場メッシュシートの色分けにより、新規入場者等の不慣れな作業員にも、足場の昇降口の場所が、一目で直ぐ分かるように、分かりやすく親切な仮設整備を行い、近道行動の防止を図っている。 ⑧ 型枠デッキスラブ 　デッキスラブ表面に珪砂入りプライマーを塗布し、照り返し防止とノンスリップ加工を施すことで、夏場の作業環境改善や、冬場の降雪や凍結によるスリップ事故を防止している。 （２）住民への「見える化・見せる化」 ① 仮囲いの一部に透明パネルを採用し、開かれた現場を目指した。特に、交差点付近は隅切りと透明パネルにより見通しを良くすることで、出会い頭の事故防止についても配慮した。また、工事進捗写真や、構造説明パネル等により、現場状況を分かりやすく伝え、工事への理解を深めてもらうと共に、花壇や市のＰＲパネルの設置により、イメージアップを図った。 ② 毎月、近隣住民へ「安全衛生管理計画工程表」を配布し、翌月の工程、搬出入予定、安全衛生管理活動の内容等を事前に連絡、周知している。さらに、早朝の車両搬入時等には「お知らせ」を配布し、現場の状況をタイムリーに分かりやすく、視覚的に伝えることで、工事への理解を得るよう努めている。 ③ 市民、高校生、大学生、業界団体等を対象とした様々な現場見学会において、施工状況及び安全衛生管理状況等を現実に見せることで、工事への理解を深めてもらうと共に、建設業の魅力を直接伝えることでイメージアップを図った。 ④ 毎週の一斉清掃による現場周辺の清掃活動はもとより、地域の環境保全活動等にも積極的に参加し、地域社会の一員としての役割を果たし、信頼を得るよう努めている。
活動内容 改善事項の図、 写真	 写真-1　墜落体感教育　　 写真-2　感電体感教育 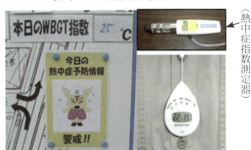 写真-3　熱中症予防情報　　 写真-4　大型ミストファン

活動内容 改善事項の図、写真	
 写真-5 雷検知器（右：携帯型）	 写真-6 平均台による健康状態確認
 写真-7 安全帯蛍光カバーと朝礼時使用状況	 写真-8 キャッチコピーの横断幕（左下：ヘルメットステッカー）
 写真-9 現場の良い例・悪い例	 写真-10 ブルーのシートが昇降設備の場所
 写真-11 デッキスラブの照り返しとスリップ防止	 写真-12 交差点付近の仮囲いと花壇

その他	068	区分	ソフト部門
タイトル	職長会活動の推進のうち、職長会による朝礼の司会進行		
動機・改善前の状況	従来はＪＶ職員のみで朝礼を司会・進行していたが、作業員達に向け一方的に話しているだけになりマンネリ化していた。		
改善・実施事項	ＪＶ職員は当日における工事予定の発表だけを行い、その他の司会・進行は職長会で行った。なお、司会は職長会の安全当番が行い、担当者は毎週変更となる。１人ＫＹは安全当番と指名された作業員との対話形式で行った。		
改善効果	・自分達の代表が司会を行うことで、作業員達の朝礼に対する意識が向上した。 ・１人ＫＹ時に作業員と職長会でのコミュニケーションが図られ、他職への理解と現場での一体感が生まれた。		
活動内容 改善事項の図、写真			

Good Practice!

その他	069	区分	ハード部門
タイトル	測量・修理作業との接触災害防止		
動機・改善前の状況	日常とは異なるスポット的な作業の実施時に、作業場所の特定が困難で、実作業者から接触のヒヤリ・ハットが増加した。		
改善・実施事項	周知・明示効果の向上を図る目的で、移動が容易な全反射簡易看板・回転灯を作業場所に設置した。		
改善効果	本体重量も軽量で、200 m以上の視認が可能であり、他業者への周知効果が高く、接触災害がゼロであった。		
活動内容改善事項の図、写真	回転灯　全反射簡易看板		

Good Practice!

その他	070	区分	ハード部門
タイトル	点滅信号によるズリ出し作業の明示		
動機・改善前の状況	トンネル掘削作業サイクルのズリ出し時に、ズリ出しダンプトラックと他作業員等の接触事故が懸念された。		
改善・実施事項	ズリ出し作業の開始前に信号のスイッチを入れると、各所に設置した回転灯が点灯し、ズリ出し作業中であることが坑内のどこでも分かるようにした。		
改善効果	切羽以外の場所でもズリ出し作業中であることが分かるので、作業員がズリ出し作業範囲に立入ったり、安全通路の外へ出なくなった。このため、ズリ出し作業が安心してできるようになり、接触災害がゼロであった。		
活動内容 改善事項の図、写真			

立入禁止位置
- 立入禁止看板を設置（内照灯、専用灯で明るく）
- ずり出し作業中であることを表示
- 重機・車両停止ボタンを設置

重機・車両停止設備
- 回転灯、サイレン等を設置
- 立入禁止区間のすべての重機・車両を停止できる位置に設置する（操作スイッチを立入禁止始点に設置）

歩車分離区間　　重機駐車区間　　ずり出し作業区間
歩行者通路を設置している区間　固定設備や重機の駐車により狭くなっている区間　積み込み重機を誘導する区間
ずり出し中立入禁止区間

点滅信号表示

信号切替スイッチ

坑口部回転灯

その他	071	区分	ハード部門
タイトル	朝礼時の複合安全訓練		
動機・改善前の状況	北陸新幹線の高架橋は狭隘かつ営業線近接の駅部工事でしかも非常に厳しい工期の中で毎日200名以上の作業員が従事しているため、個人個人の安全基本行動、強い安全意識に頼らざるを得ない状況であった。		
改善・実施事項	朝礼時の複合安全訓練を毎日全員で行うことによって、見落としがちな体調チェック、数々の運動・訓練を具体的に実施している。		
改善効果	作業開始前に体調の悪い人の適正配置、適度な緊張感とコミュニケーションアップが図られ、安全基本動作が自然と身につき、安全意識の高揚を図ることができた結果、現在60万時間無事故無災害で進捗している。		
活動内容 改善事項の図、写真	朝礼時の複合訓練 ① 鏡の前で顔色・服装をチェック 顔色ヨシ！服装ヨシ！ ② 平均台を渡り体調・バランス感覚をチェック 平均台ヨシ！ ③ 安全帯の使用訓練 手すりヨシ！安全帯ヨシ！ ④ 鉄棒ぶら下がりで体をリラックス 体調ヨシ！		

活動内容改善事項の図、写真	⑤ グッパー運動  同時に所長が1人ひとりの顔色・体調を観察 ⑥-1 五感いきいき運動（ジャンケン肩もみ）  ジャンケンで負けた人は勝った人の肩をもむ ⑥-2 五感いきいき運動（ジャンケン肩もみ）  やがて1つの輪に！コミュニケーションアップ ⑦ 1人KY  自身の作業時における危険予知意識の向上 ⑧ 安全基本行動、3・3・3運動の指差喚呼  月・水・金→一声かけヨシ！指差喚呼ヨシ！ 火・木・土→玉掛けヨシ！地切ヨシ！巻上ヨシ！ ⑨ 対面での指差喚呼  ヘルメットヨシ！　あごひもヨシ！ 安全帯ヨシ！　足元ヨシ！ 今日もゼロ災で頑張ろう！ ⑩ 危険予知（KY）活動  職長を中心としたグループ全員参加の危険予知活動 ⑪ ゼロ災コール  ゼロ災でいこう！ヨシ！（3回）

Good Practice!

その他	072	区分	ソフト部門
タイトル	コンストラクションリーフレットの発行		
動機・改善前の状況	現場を活性化させるために作業員とJV職員とのコミュニケーションツールが必要だと考えた。		
改善・実施事項	毎月、現場で前月に行われた行事・JV社員からのコメント・職長の紹介などが掲載されたリーフレットを発行し、休憩所掲示と災害防止協議会での配布を行った。		
改善効果	リーフレットに目を通した作業員とJV職員との間で共通の話題が増え、コミュニケーションを円滑に図れるようになった。また一体感が向上したことで現場が活性化した。		
活動内容 改善事項の図、写真			

その他	073	区分	ハード部門
タイトル	トラックスケールによる積載荷重の確認積込		
動機・改善前の状況	ズリ処理時、残土量が多く、積込作業が忙しくなった場合、ダンプトラックへの過積載が懸念された。		
改善・実施事項	積込み場所にトラックスケールを設置し、全てのダンプトラックの積載荷重を確認しながら積込んだ。積載量は、大型モニターでバックホウオペレーターとダンプトラック運転手の双方が目視確認できるようにし、印字記録で土量管理を行った。		
改善効果	過積載のダンプトラックがゼロになり、道路の損傷や騒音・振動発生が抑制され、排気ガスの低減にも効果があった。		
活動内容 改善事項の図、写真	トラックスケール設置 / 積込み状況		

Good Practice!

その他	074	区分	ソフト部門
タイトル	月間毎の安全表彰		
動機・改善前の状況	作業員間における安全意識・安全教育レベルの不均一		
改善・実施事項	毎月1回開催する安全大会にて、職長会が選出した安全に関し他の模範となる作業員を表彰した。		
改善効果	作業員の安全意識・安全作業へのモチベーションが向上した。また職長会でのコミュニケーションも図ることができた。		
活動内容 改善事項の図、写真			

その他	075	区分	ソフト部門
タイトル	作業員休憩所・トイレでの災害事例紹介		
動機・改善前の状況	作業員間における安全意識・安全教育レベルの不均一		
改善・実施事項	作業員休憩所・トイレ内に現場で行われている作業に関連する災害事例を掲示した。		
改善効果	作業員達の目に入りやすい場所に掲示したことで、災害に対する教育を行うことができた。また安全意識を向上させることができた。		
活動内容 改善事項の図、写真			

その他	076	区分	ソフト部門
タイトル	職長による司会と肩揉みによるスキンシップ		
動機・改善前の状況	元請からの一方的な指示・指導・伝達で、作業員側は聞き役に終始することの連続によりマンネリ傾向にあり、朝礼の効果が上がらない。 また、自分たちが参加しているという意識が低くなりがちである。 朝礼がマンネリ化し、ただ立っているだけである。		
改善・実施事項	1．朝礼の司会を各職長に当番制で行わせる。 2．全職長に当日の作業内容及び危険予知による重点災害防止事項を発表させる。 3．体操後、お互いに肩揉みを行い、スキンシップを図る。		
改善効果	1．司会を各職長が行うことにより、親近感と緊張感が生まれ、真剣に聞く雰囲気が創造された。 2．お互いに肩揉みを行うことにより、職種を超えた作業員同士のスキンシップを図ることができた。		
活動内容 改善事項の図、写真	 体操後の肩揉み状況  職長による朝礼の司会状況		

その他	077	区分	ソフト部門
タイトル	うっかり災害防止体操		
動機・改善前の状況	作業中におけるうっかりミスによるヒューマンエラーが思わぬ災害を引き起こすことがあった。		
改善・実施事項	そこで、作業中における危険に対する集中力と注意力を高めるために精神を安定させる体操を朝礼時、昼礼時、休憩後に取り入れることでうっかり災害を防止する目的で、「うっかり災害防止体操」を行うことにした。 １．顔の緊張と弛緩 ２．首、肩の緊張と弛緩 ３．深呼吸 ４．目覚まし動作		
改善効果	この体操を行うことで個々人の精神状態を落ち着かせ、安定した注意力と集中力を高めることを目的として行った。作業員への聞き取り調査では、 １．朝の気分がむしゃくしゃしているときでも、この体操を行うことで、気持ちがある程度落ち着き、集中して作業に取り組めるようになった。 ２．体操することによって、気持ちがすっきりするようになった。 ３．朝・昼・休憩後に行うので、作業に掛かる前の一連の準備動作となり、体と心の準備運動になっている。また、体操を行うと自然と仕事モードに頭の中が切り替わる。 ４．職長からは、体操を行ったことで、全体の動きが良くなったように思え、うっかりミスが半減したとの評価が上がっている。		
活動内容 改善事項の図、写真			

	1．顔の緊張と弛緩 　①　軽く目を閉じ、思いっきり顔をしかめる。（約10秒） 　②　目を閉じたまま、力を一気にゆるめ、リラックスした状態を感じる。 （約10秒） 2．首、肩の緊張と弛緩 　①　目を閉じたまま、首と肩に『グーッ』と力を入れ、思いっきり肩をすくめる。 （約10秒） 　②　目を閉じたまま、力を一気にゆるめ、腕の力抜き、リラックスした状態を感じる。（約10秒） この動作を2～3回繰り返す 3．深呼吸 　①　目を閉じたまま、息を思いっきり一気に『スッ』と吸う。 　②　目を閉じたまま、心の中で「ひとーつ」と数えるつもりで、ゆっくり吐く。（約10秒） この動作を2～3回繰り返す。 4．目覚まし動作 　①　目を閉じたまま、こぶしを握り、両腕を胸に引き寄せて『ギュッ』と曲げる 　②　そして、勢いよく両腕を前に伸ばしながら手を開く。 この動作を、1動作約10秒で2～3回繰り返す。 　③　終わったら、1回深呼吸を行って、目を開ける。
活動内容 改善事項の図、 写真	

その他	078	区分	ソフト部門
タイトル	図面等を用いた職長・オペレーターによる安全朝礼		
動機・改善前の状況	朝礼では元請社員が中心となり説明するため、一般作業員には理解しにくい面もあった。		
改善・実施事項	1．危険作業や揚重作業は、職長が図面を見せながら説明を行った。 2．揚重作業の手順や内容、安全注意事項については、重機・レッカー等のオペレーターから直接説明を行った。		
改善効果	職長や作業員、オペレーターから発表や説明を行うことで、一般作業員にとっても、より具体的な注意事項が明確になり、安全意識の高揚が図れた。また、朝から声を出すことにより、一声かけ運動の活発化にも繋がった。		
活動内容 改善事項の図、写真	 職長から作業員へ作業のポイントをわかりやすく説明  重機オペレーターが図面を見せながら細かい注意事項を説明		

その他	079	区分	ソフト部門
タイトル	朝礼とＫＹミーティングの進行順序の工夫		
動機・改善前の状況	協力会社毎のＫＹミーティングを全体朝礼の後に行っていたが、朝礼で元請等から立入禁止箇所や通行禁止箇所等の説明を受けても、当日の作業打合せの前に聞くため、自分の作業へ影響するのか理解できない作業員がいた。		
改善・実施事項	ラジオ体操の次に、協力会社毎のＫＹミーティングを先に行い、全員へ当日の作業内容等を十分に把握させ、その後、全体朝礼を行うよう順序を変更した。		
改善効果	事前に、当日の自分の作業内容がはっきりとわかることにより、朝礼時の危険場所の説明や当番の伝達事項が自分に関するものだということをはっきり認識できるようになり、理解度が高まった。		
活動内容改善事項の図、写真			

その他	080	区分	ソフト部門
タイトル	ストレッチ体操の導入（音楽ナシ）		
動機・改善前の状況	繁華街での地下通路建設工事において、地下躯体構築作業場所が地下埋設物、山留材、支保工材等で非常に狭隘な作業場所であった。また、繁華街のため常設の作業帯が確保できずラジオ体操ができない状態であった。		
改善・実施事項	作業場所が非常に狭隘なため作業前に十分に身体をほぐす必要があった。音楽無しでもできるストレッチ体操を導入した。		
改善効果	作業員の身体の柔軟性が向上し、作業移動時の仮設材等への接触・激突が減り、捻挫やケガが発生しなかった。		
活動内容 改善事項の図、写真	ストレッチ体操実施状況		

その他		081	区分		ソフト部門
タイトル		作業員体調確認チェックシート			
動機・改善前の状況		朝礼時、作業員の体調確認については、安全衛生責任者または職長が口頭で確認していた。			
改善・実施事項		危険予知活動表にチェック項目欄を設け、氏名とともに記録する様式に改善した。また、作業員各人の体調管理の意識付けを高めた。			
改善効果		・当日の作業員の体調確認が確実に把握、記録できるようになった。 ・作業員各自の体調管理に対する意識が高揚した。			
活動内容 改善事項の図、写真					

その他	082	区分	ソフト部門
タイトル	朝礼時に行うワンポイントチェック		
動機・改善前の状況	マンネリ化になりやすい朝礼に何か全員で参加でき、安全意識の高揚を図るものを取り入れたかった。		
改善・実施事項	前日の作業打合せ時に、明日のワンポイントチェックの項目を発表する。当日の朝礼時に職員、作業員全員参加でワンポイントチェックを日替わりで行う。 ＜ワンポイントチェック項目＞ ① 各種資格証の携帯の確認 ② 体調の確認 ③ 安全靴や保護具等の着用の確認 ④ 安全帯の点検 ⑤ 作業手順書持参の確認 ⑥ 服装の確認 ⑦ 手持ち工具類の点検 ⑧ クレーン合図の確認　等		
改善効果	全員参加型のワンポイントチェックを行うことにより朝礼に緊張感が生まれ、メリハリのある朝礼になる。また、職長や作業員が日替わりで前に出てチェック項目の司会進行をするため安全意識の高揚も図ることができる（例として①資格証の確認は、該当者が前に出て資格証を提示したり、④、⑦では、点検・記録のデモンストレーションをしたりしている）。		
活動内容 改善事項の図、写真	服装の確認 安全帯の点検		

Good Practice!

その他	083	区分	ソフト部門
タイトル	1人ＫＹ活動		
動機・改善前の状況	建設業における労働災害発生件数の80％が作業員による不安全行動及び油断・不注意・横着心等のヒューマンエラーに起因するといわれている。作業員1人ひとりの安全ミーティングに参加しているという意識が低くなりがちである。		
改善・実施事項	1．全作業員が作業開始前に当日作業での自分の役割分担を理解し、どんな災害（危険）があるか想像して、災害を防ぐためにどんな手立てがあるかを考える。 2．結果を危険予知カードに記録するとともに、それを掲示したり、指名された2～3人が発言する。		
改善効果	1．作業開始前に短時間で1人危険予知活動を実施することで、無理なく作業を見直すことができるようになる。 2．各人が個人として作業所に対する約束、宣言ができて、1人ひとりの安全に対する自覚を促すことができる。		
活動内容 改善事項の図、写真	 30秒間本日の作業における危険を考える。 指名した作業員による内容の発表		

その他	084	区分	ソフト部門
タイトル	「ヒヤリ・ハット」記録帳の活用		
動機・改善前の状況	毎日の危険予知訓練の際に、作業員からのヒヤリ・ハットについての発言が乏しく、作業員自身から予想される危険性についての意見を引き出すまでには至らないため活気を欠いていた。		
改善・実施事項	ヒヤリ・ハットについての発言がなぜ少ないのか？ 　その要因として、作業員はその場では覚えていても時間の経過とともに忘れてしまい、翌日の危険予知訓練の時には何も発言できないとの結果を得た。そこで作業員が体験した「ヒヤリ・ハット」や作業中に予想される「ヒヤリ・ハット」をその場で記入できる作業所特製のメモ帳（セイフティ帳）を作業員全員に配付し、ヒヤリ・ハット体験時にその都度記録するようにしてもらった。読み上げるのであれば発言が苦手な作業員でも話し易いと考えた。		
改善効果	メモ帳配付後はヒヤリ・ハットの発言数に大きな変化は見られなかったが、「予想される危険のポイント」への作業員の発言内容が作業の細部に及び具体的になっており、作業員に日常の安全衛生関係についての関心が高まったことを示し、危険予知訓練の活性化が図られた。		
活動内容 改善事項の図、写真	作業員全員に配布した「ヒヤリ・ハット記録帳」（セイフティ帳）		

その他	085	区分	ソフト部門
タイトル	WK（私はこうします）運動		
動機・改善前の状況	注意力散漫、危険無視などの「不安全行動」が災害要因の大半を占めている。現状のＫＹ（危険予知）活動は作業グループ全体の危険予知はできても１人ひとりの行動目標まで決定できず、不安全行動による「ヒヤリ・ハット」や「負傷災害」につながっていると考えられる。		
改善・実施事項	1．あらかじめ抽出した約100種類の行動目標をＷＫリボンとして作成する。 2．安全朝礼、ＫＹ活動を実施し、当日の作業内容とグループの行動目標を確認後、各個人がＷＫリボンを選び身につける。 3．選んだリボンの場所に名札をかけて誰が何を選んだか明確にする。 4．選んだ行動目標は、職長・職員が確認し、当日の作業とかけ離れているものは本人と話し合った上、交換する。 5．胸に付けた行動目標が守られているか、作業中に職長や職員が確認する。 6．作業終了後、使用したリボンは元に戻し、かけてあった名札をはずす（安全に作業が終了したことを明確にする）。 7．行動目標は安全衛生協議会などの機会に見直しを行う。		
改善効果	作業にあたる１人ひとりが毎日の行動目標を自分で選び、全員に知らせることができるため、本人の心構えも変わり、グループ全体として安全意識が向上することが確認できた。		
活動内容改善事項の図、写真	私は・・・・・・ ＷＫリボン 私は・・・ 1．機械器具の点検をします 2．始業前点検をします 3．終了時の確認をします 4．無資格作業はしません 5．整理整頓をします 6．指差呼称をします 7．保護具を着用します 8．安全靴を使用します 9．終了前の清掃をします 10．ゴミは分別します 11．立入禁止箇所には入りません 12．声をかけ合って作業します 行動目標の例（一般事項）		

活動内容改善事項の図、写真	

WK運動実施状況

新規入場者は毎朝WKワッペンを取り、名札を左へ1つ移動し、10日目に若葉マークをはがす。

自分の作業内容に合わせてWKワッペンを選ぶ。

Good Practice!

その他	086	区分	ソフト部門
タイトル	作業員をモデルにしたＫＹシート		
動機・改善前の状況	ブロック製作だけという特殊な現場で、毎日同じ作業の繰り返しなので、慣れにより安全意識も低下気味であった。		
改善・実施事項	当日の作業を思い浮かべて、ＫＹ活動を行っていたが、毎日同じような項目しか上がってこないので、作業員をモデルにしてＫＹシートを作って、それを見ながらＫＹを行いマンネリ化防止の一助にした。		
改善効果	・シートを使ってのＫＹなので、現状での目先を変える。 ・作業員が出演しているシートなので、興味を引く。 ・現場作業に則したＫＹが実施できる。 ・作業の急所などに印をして、注意喚起する。		
活動内容 改善事項の図、写真			

Good Practice!

その他	087	区分	ソフト部門
タイトル	危険予知活動（ＴＢＭ・ＫＹＫ・ＳＣ－５）添削指導と掲示		
動機・改善前の状況	今まで、下請業者さんが作業前に実施する危険予知活動は「手足元注意」等、具体的なものではなく本来の危険予知活動（災害防止対策）では無かった。		
改善・実施事項	リスクアセスメントを念頭に各社の実施している危険予知活動表を毎日添削指導するとともに各社の記入内容が全員にわかるように１カ所に掲示した。		
改善効果	各社の記入内容が全員にわかるように掲示する事と添削することで、各社で競い合って危険予知活動を実施している。またリスクアセスメントを理解することにより、より安全管理の質が向上した。		
活動内容改善事項の図、写真			

その他	088	区分	ソフト部門
タイトル	日々行う作業手順書の確認		
動機・改善前の状況	同じ作業の繰り返しや新規の小作業、その他作業では、作業手順書の未作成や周知漏れ及び手順確認の重要さを軽視する傾向にある。		
改善・実施事項	前日の作業打合せ時に、当該作業の作業手順書の作成や周知の確認を行い（打合せ黒板や打合せ簿に確認欄を設け記録する）、始業ミーティング時には、特に重要ポイント（リスクアセスメントで危険性大の評価項目）を声を出して読み合わせを行う。		
改善効果	作業手順書の作成や周知の有無確認を行うことで、未作成や周知漏れの未然防止が図られるとともに、各業者の作業手順書の重要さを再認識することができる。当日、作業手順書の読み合わせで作業手順を再確認ができ、マンネリ化を防ぐことができる。		
活動内容 改善事項の図、写真	作業打合せ時の周知の確認 始業ミーティング時の読み合わせ		

その他	089	区分	ソフト部門
タイトル	工事写真を活用したＫＹ活動		
動機・改善前の状況	ＫＹボードを用いた危険予知活動を行っているが、マンネリ化の傾向を払拭できない。 このため現場写真を使った危険予知活動で参加意識と、危険予知の意識を高め、災害を防止する目的で開始した。		
改善・実施事項	１．工事写真を安全掲示板に表示しておき、危険予知活動に活用する。 ２．活動結果と職長からのメッセージの形で安全掲示板に掲げて、普段から目に留まるようにする。		
改善効果	１．繰り返しの作業において、文面より視覚で伝えることができるため、目に留まりやすく、伝達効果があがる。 ２．普段の作業を、直接手を動かす立場から、全体を見渡す目線で、見ることができるため、幅広い意見が出る。 ３．各職場の実際の写真を活用することにより、参加意識が高まる。 ４．現地危険予知などに、活用がしやすい。		
活動内容 改善事項の図、写真	安全掲示板の事例 職長からの伝言　掲示例		

その他	090	区分	ソフト部門
タイトル	ＫＹ活動に基づく作業前安全確認		
動機・改善前の状況	従来から危険予知活動（ＫＹ）と安全・点検確認活動（ＡＴＫ：アタック）を別々に実施していたが、作業員にとっては別々に実施することが負担となり、実施率が上がらなかった。		
改善・実施事項	ＡＴＫとＫＹ、２つの災害防止活動を統合（通称"ＡＴＫＹ"アタックケイワイ）し、作業開始前に一連の流れの中で危険予知活動と安全・点検確認活動を実施することにより、作業員に別々に実施する煩雑感を解消すること及び危険予知活動と安全・点検確認活動の真の活動目的を作業員に理解させることで災害防止活動としての実施率の向上を図った。 １．個々のグループの作業員全員で危険・有害要因をリストアップし、災害発生防止のためにどのように行動するか立案する。 ２．職長（またはグループリーダー）が当日作業の安全点検・確認する項目と、その実施者を決定して指示する。 ３．実施担当者は安全点検・確認を行い、不具合箇所を職長に報告する。 ４．不具合箇所の是正を確認した後に作業を開始する。		
改善効果	作業員にとっては、別々に実施する煩雑さがなくなるとともに、一連の流れの中で実施することから、取り組み易く全現場で定着しつつある。		
活動内容 改善事項の図、写真	ＡＴＫＹ（アタックケイワイ）活動を推進するために作成した「ＡＴＫＹ活動表」の記入方法や活動方法が明記されているＡＴＫＹシートも作成した。		

その他	091	区分	ソフト部門
タイトル	始業ミーティング時に行う、安全帯の点検		
動機・改善前の状況	従来の安全帯点検は各自が個々に行うもので、実際に点検を行う時間、点検方法があいまいで、チェックすることが難しかった。		
改善・実施事項	始業ミーティング時に各自が点検表を持参して1対1のペアとなってお互いに点検し合う。高所作業に従事しない作業員にも、安全帯の着用を義務付けた。		
改善効果	安全帯をお互いに点検し合い、不具合な箇所を指摘しあうことで、責任感を持って点検するようになり、おざなりな点検やマンネリ化を防止することができる。始業ミーティング時に行うので職員が立ち合い、確認することができ、記録漏れがなくなる。全員が安全帯を着用することにより安全帯の大切さがより理解され、安全意識の高揚になる。		
活動内容改善事項の図、写真	安全帯点検状況		

ストラップ巻取器
- ストラップの引き出し又は巻き込みができないもの。
- ストラップを勢いよく引き出してロックが効かないもの。
- 巻取器のケースが割れたりひびの入っているもの。
- 金具類が著しくさびているもの。
- 巻取器裏側のベルト通し部が破損しているもの。
- ショックアブソーバーのカバーが破れてベルトが露出しているもの。

フック
- 亀裂が生じているもの。
- フックのかぎ部の内側に傷のあるもの。
- フックの外側に1mm以上の傷があるもの。
- 外れ止め・安全装置の動きが悪いもの。
- さび(腐食)が激しいもの、又は変形しているもの。
- シンブルのないもの。
- リベットのカシメ部に緩みや摩滅が生じているもの。
- ばねが破損しているもの、又は弱くなっているもの。

バックル
- 亀裂が生じているもの。
- ベルトのかみ合わせ部が著しく摩耗しているもの。
- 全体的にさび(腐食)が発生しているもの又は変形ているもの。
- 正しく装着して、腹部に力を入れてベルトの緩むもの又は、動きの悪いもの。
- リベットのかしめ部に緩みや摩滅が生じているもの。

D環
- 亀裂が生じているもの。
- 深さ1mm以上の傷のあるもの。
- 変形の大きいもの。
- さびの激しいもの。

先端止め
- 先端止めがなくベルトがほつれているもの。

D環止め
- D環止めが割れ、D環が固定できないもの。

バックル縫付部
- バックルの取付部の縫い糸が摩耗等により、切損しているもの。

胴ベルト
- ベルトの耳、または中に3mm以上の損傷、焼き傷などがあるもの。
- ベルトの両耳のすりきれが激しいもの。
- 著しい変色や溶解が見られるもの。
- 塗料が多量に付着して硬化しているもの。
- バックル締め付け部のベルトが傷んでいるもの。

(この安全帯のイラストは製品の一例を示すものです)

Good Practice!

その他	092	区分	ソフト部門
タイトル	デジカメを活用した安全指示		
動機・改善前の状況	建設現場での災害は繰り返し型災害、類似災害が多いことから、不安全な設備、不安全行動を発見した場合、速やかに改善しなければならない。 従来は、朝礼等で口頭による是正指示や打合せ簿、安全指示書での書面指示だったため、具体的内容が末端作業員や他職の作業員に伝わらない場合があった。		
改善・実施事項	所長、安全当番による安全巡視時にデジカメにより、良い事例（グットショット）、悪い事例（イエローカード）を撮る。 各写真にコメントを付け専用の掲示板「みてある記」に整理して掲示する。 みてある記は、作業員全員が見やすい朝礼の場所または休憩所付近が望ましい。		
改善効果	作業員へ視覚で訴えることで、現場内の危険な環境側面の排除や自分の持ち場を良くする競争心、類似指摘事項の減少や新規入場者に対するアピールができた。 この事例については、安全管理上のソフトの改善・工夫事例であるが「全員で自分の現場環境を良くし災害をなくす」という積極的な活動として評価され効果を上げた。		
活動内容 改善事項の図、写真	「みてある記」に掲示された写真とコメント		

その他	093	区分	ソフト部門
タイトル	「一声かけ」による所長パトロール		
動機・改善前の状況	作業所全体が殺伐としてコミュニケーションが感じられない原因は、元請と作業員及び作業員同士の日常的会話が不足していた。 作業員の個人レベルとして ① 知らない人に声をかけにくい（大現場は知らない人でいっぱい） ② 挨拶することが恥ずかしい ③ 他人に声をかけるのは余計なこと ④ 与えられた仕事、自分の仕事以外には興味が無い		
改善・実施事項	元請と作業員との声かけとして、所長や安全当番の安全巡視時に作業員に一声かける。 ① まず日常会話（おはよう、頑張っているか、うまくいっているか、体調はどうか、その他） ② つぎに注意事項（何々に注意して、無理しないでよ、その他）		
改善効果	一声かけの効果として ① 元請及び作業員同士でも元気に挨拶するようになった。 ② 他職間でも会話できるようになり、互いの不備を指摘し合い、相手を思いやる仲間意識が確立された。 ③ 現場内での一体感ができ、活気のある明るい現場となった。 ④ 一声かけが安全だけでなく工程・品質にも反映し、改善ができた。 以上、この「一声かけたい」は工事の全てにわたり、大変な良好な効果を得ることができた。		
活動内容 改善事項の図、写真	所長巡視時の声かけ 注意事項があれば指示、アドバイス		

その他	094	区分	ソフト部門
タイトル	デジタルカメラを利用した統責者パトロールのプレゼンテーション			
動機・改善前の状況	統責者の巡視結果について、打合せ時の指摘や安全日誌のみでは各職員や職長、全ての作業員まで浸透しにくい。			
改善・実施事項	デジタルカメラを利用し、巡視結果の指摘を職長打合せでプロジェクターで写し、作業員全員にはこれを掲示することにより、改善を促した。			
改善効果	ビジュアルなプレゼンと掲示物により、各職員や職長、全ての作業員まで改善事項を理解することができた。また、改善結果を実施者が書き込んだものを保管することにより、記録化することができた。			
活動内容 改善事項の図、写真				

Good Practice!

その他	095	区分	ソフト部門
タイトル	「一声かけ隊」による安全巡視		
動機・改善前の状況	挨拶を含め、声をかけようという意識がなかなか芽生えない状況下にあるが、事故の要因として最も多く挙げられる不安全行動は、本人の意識はもとより、コミュニケーション不足によるものが大半を占めていることは、統計からも見逃せない事実である。長時間にわたり、作業に集中し続けることが難しい中、それに対し、"一声かける"ことは事故を未然に防ぐための重要な要素だと考え、「一声かけ運動」を開始した。		
改善・実施事項	「一声かけ隊」を結成するにあたり、作業員全員の意識を高めるため、ヘルメットにステッカーを貼り、さらに、リーダー役として職長会の中から「隊長」「副隊長」を人選した。朝礼時には元気に「今日も1日頑張ろう」など活力を与える一声と、互いに名前を呼び合う一声をかけあい、職長会パトロール時には、できるだけ多くの作業員とコミュニケーションを図るべく、大いに声かけしながら巡回した。その際は、ヘルメットに貼ってある名前で、積極的に"一声かける"ようにした。		
改善効果	その結果、他業種間でも気兼ねなく会話できるようになり、安全設備の不備や不安全行動などを活発に指摘しあい、それを皆が「我が身」と思い真剣に受け止め、即対応、是正するようになった。また、社内外の安全パトロール時にも大変好評であった。"一声かけ"が安全だけでなく、工程や品質にも影響し、改善することできた。		
活動内容改善事項の図、写真	写真1　朝礼前の「一声かけ」状況　　写真2　「一声かけたい」のステッカー　　写真3　「一声かけ隊」現場パトロール　　写真4　「一声かけ隊」のメンバー		

その他	096	区分	ソフト部門
タイトル	デジカメによる安全・不安全行動の公表		
動機・改善前の状況	工事開始にあたり、安全は「元請の強力なリーダーシップ」と「協力会社の安全意識の盛り上がり」の融合が不可欠と考え、 ① 現場で基本ルールを決め理解、納得させ実践してもらうこと ② 何でも話せる職場風土の構築 ③ 日々わずかな進歩でも繰り返し弛みなく指導し、教育していくことを基本に、さまざまな工夫を凝らした活動をし、全工期無災害を達成する。		
改善・実施事項	不安全行動防止の一環として、日常の作業状況をデジカメで撮り、最も良い(安全な)事例写真と最も悪い(不安全な)事例写真を数点抽出し、月1回の安全大会にて、それらの良し悪しを説明し、良い事例には賞品を授与した。		
改善効果	不安全行動は本人の意識改革がなければ変わらない、写真に残ることで普段の作業行動に注意を払うようになった。		
活動内容 改善事項の図、写真	安全大会での良い事例、悪い事例の発表		

活動内容 改善事項の図、 写真	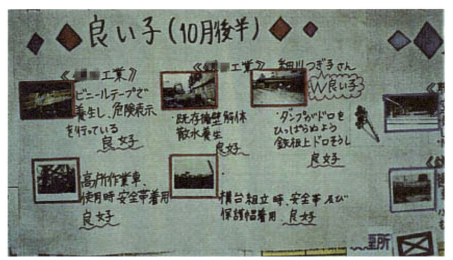 良い子（安全行動）の紹介 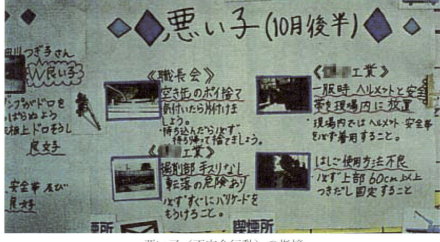 悪い子（不安全行動）の指摘 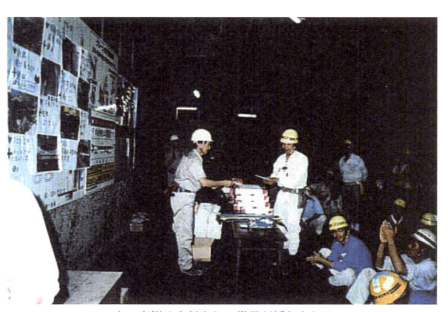 良い事例は表彰され、賞品が授与される

その他	097	区分	ソフト部門

タイトル	瞑想リラクゼーションとストレッチ体操の実施
動機・改善前の状況	朝は、「朝礼、体操、ＫＹＫ」によって、その日の作業内容と危険箇所を確認し、心と体を仕事モードへ切り替えてから作業に取りかかっている。 　昼休みについても１時間程度の休憩（昼食や昼寝）を取ることによって、心と体が休憩モードになっている。午後の作業開始前に、心と体を休憩モードから仕事モードへと切り替えて、ヒューマンエラーによる災害を防止する目的で開始した。
改善・実施事項	午後の作業を開始する前に10分弱の昼礼を行う。 　１．瞑想リラクゼーション 　　① 目を閉じて身体と心のストレスを開放させ、心と体がリラックスできる場を提供する。 　　② 次の作業に神経を集中させることにより、仕事への集中力を高める。 　　③ 繰り返しの語りかけにより、安全事項を短期記憶から長期記憶へと変化させる（覚え込ませる）。 　　④ 自分に問うことにより、自分が何をなすべきか等、目標が明確になり仕事への参加意識が向上する。 　（手順） 　　・作業員は、リラックスした姿勢（座り込み等）をとる。 　　・女性と子供の声でテープを流し問い掛け、瞑想をさせる。 　　　「今日これからは何の作業をしますか？……」 　　　「あなたの役割は何ですか？……」 　　　「落ちませんか？倒れませんか？挟まれませんか？保護具はきちんと着けていますか？」 　　　等を語りかけ、１人ひとり自分の頭の中でこれからの作業状態を瞑想し、危険防止の再確認をする。 　２．ストレッチ体操 　　職員、職長の元、ストレッチ体操で身体を目覚めさせる。 　３．安全事項伝達（昼礼） 　　午後からの作業をイメージして特に危険な箇所、朝礼時と変化した作業内容等を伝達する。
改善効果	１．瞑想リラクゼーション 　　繰り返し、繰り返しの語りかけを、自分でこれからの作業を瞑想して自分のするべきことを意識的に行っており、仕事への意識が向上する。 ２．ストレッチ体操 　　背伸び運動と同じ効果を求めたものであるが、特に寒冷地などでは、好評であり、是非実施したいと希望が出ている所もある。 ３．安全事項伝達 　　現場は、常に変化しているものであり、朝礼時からの変化や、午後からの特に危険な箇所について、再度確認できる。

活動内容 改善事項の図、 写真	1．瞑想リラクゼーション  2．ストレッチ体操   3．安全事項の伝達 

その他	098	区分	ソフト部門
タイトル	ＩＴを駆使した安全工程打合せ		
動機・改善前の状況	通常、各現場で行う安全工程打合せは、図面を前にして、各作業内容の確認、業者間調整や安全に対する注意事項の打合せを行っている。しかし、詳細な機械配置や出来形に応じた図面での実際に即した打合せができていないのが現状である。		
改善・実施事項	ＩＴを駆使して、作業員１人ひとりに理解度の高い、短時間で行える打合せ方法を実施している。 ①　無線ＬＡＮ対応のWebカメラを現場に配置し、実際のリアルタイムの映像を見ながら作業打合せができるようになった。 ②　会議室には液晶プロジェクターを常設し、全員が前面の画像を見ながら理解度の高い打合せができるようにした。 ③　パソコンはインターネットに接続され、台風情報や週間天気予報、今日明日のピンポイント予報、熱中症指数、積雪予報など、気象情報も最新情報を反映させ、工程打合せも予定を立てやすくした。 ④　事務所内のパソコンはＬＡＮですべて繋がっており、図面ＣＡＤデータもすぐに取り出せ、最新の施工図等を見ながら、イメージを掴み易い打合せが可能なため、その場でポンプ車やレッカーを移動し、実際の明日の作業をシュミレーションでき、必要に応じて印刷して作業員に渡すこともできる。 ⑤　作業予定日報もデータで直接入力するため、ルーチンワークはダウンロードリストを設け、明日の継続した作業を何回も同じことを入力する手間が省け、省力化にもなり、打合せ時間の短縮に繋がるよう工夫した。 ⑥　他現場での災害速報や通知・通達等はスキャナーで読み取り、打合せ時に画像を見せて即座に伝達できるようにした。 ⑦　新規入場者教育の際にも、パソコン等を利用してわかり易い教育を施せるようにした。		
改善効果	①　作業員１人ひとりの理解度が高まり、今では職長がマウスを持ってＣＡＤ図面上で説明するところまで参加意識やＩＴのスキルが高まった。 ②　天気の週間予報などに関心を持ち、長期的な作業予定を考えるようになってきた。 ③　最新の図面に即した打合せができるため、現場での矛盾が早い段階で解消できるようになった。 ④　およそパソコン上でできる作業はすべて打合せ時に可能であるため、今後の工夫により、一層の進化が期待できる。		
活動内容 改善事項の図、写真	会議室に天井プロジェクターを設置		

活動内容 改善事項の図、 写真	 打合せ時に図面をプロジェクターで投影  リアルタイムWebカメラ設置状況  リアルタイムの映像を見ながら指示、打合せを行う 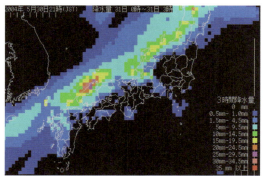 時間予報のサイトから気象状況のチェック 作業予定日報も直接パソコンに入力している

その他	099	区分	ソフト部門
タイトル	ゴミの1袋片付け運動		
動機・改善前の状況	現場のゴミは各職が片付けるのが原則だが、1人ひとりが作業場所からゴミを片付ける、という当たり前のことがなかなかできなかった。		
改善・実施事項	全員がゴミを降ろし、現場内の清掃ができ、かつ全員が楽しく参加できるように、17:00〜17:30にゴミ1袋を持って降りた人にシール1枚を渡し、溜まったシールで景品と交換できるよう、近隣のコンビニに協力をしてもらった（例．シール5枚でジュース1本と交換）。		
改善効果	溜まったシール分に応じて景品がもらえるということで、各作業員が積極的にゴミを降ろし、分別するようになり、作業所の環境美化並びに職長会活動への参加が積極的になった。		
活動内容 改善事項の図、写真	① ゴミを1袋ゴミステーションへ持ってくる ② 分別廃棄する ③ シールを1枚もらう		

その他	100	区分	ソフト部門
タイトル	ゴミの「ひとつかみ運動」による作業環境の改善		
動機・改善前の状況	建築工事の仕上げ工事時期には多数の職種が入場し、入れ替わりも多いため、場内のゴミがなかなか片付かず、不用材も散乱しがちであった。		
改善・実施事項	職長会によるゴミの「ひとつかみ運動」を取り入れ改善を図った。 1．各棟に3名、計12名からなる職長会メンバーを中心に、全作業員を対象とした運動を開始した。 2．午前10時、正午、午後3時の毎日3回、休憩のため作業場所から詰所に移動するまでの間に、場内で見つけたゴミを"1人一掴みずつ"集め、分別コンテナに捨てることとした。		
改善効果	1．1人あたり1日3回ゴミを集めることをルールとし、入場者数が80名であれば、1日240個のゴミを収集することになり、予想以上の効果が上がり現場の作業環境が改善できた。 2．ゴミ収集の効果として、作業通路が常時確保され、機械や工具の放置もなくなった。 3．来客からも、整理整頓が行き届いていると評価されるようになった。		
活動内容 改善事項の図、写真	「ひとつかみ運動」実施状況 職長会でオリジナルポスターも作成した		

その他	101	区分	ソフト部門
タイトル	ヒヤリ・ハットの報告と朝礼への活用		
動機・改善前の状況	現場におけるヒヤリ・ハットは、事故・災害に至る直前の現象であり、現場全員に周知することにより、災害予防につながると思うが、現状は、隠す傾向にあり貴重な情報が生かされていない。		
改善・実施事項	1．ヒヤリ・ハットが発生した場合、作業終了時に各職長から報告書により報告させる（報告した職長を非難せず、誉めてやる）。 2．翌日の朝礼時に全員に周知する（発表者は元請が行う）。		
改善効果	1．ヒヤリ・ハットの報告をすることにより、災害につながる危険要因を全作業員で共有でき、事前に排除することができた（危険要因の排除）。 2．自分の働く身近な危険要因は、自分自身に係る要因が多くあり、危険箇所を隠す体質から、皆で共有する体質に変わった。その結果、早めの改善につながり、作業員の安全に対する意識が高まった（安全意識の高揚）。		
活動内容 改善事項の図、写真	横断幕  終業時のミーティング 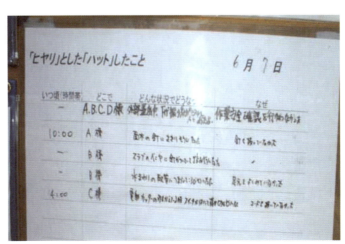 ヒヤリ・ハット掲示板		

その他	102	区分	ソフト部門
タイトル	トンネルの切羽状況掲示板による作業の引継ぎ		
動機・改善前の状況	昼夜勤のトンネル工事では、交代する作業班への切羽状態の引き継ぎと、関係者及びそれ以外の人にも現在の切羽状況が把握できるものが必要であった。		
改善・実施事項	安全掲示板にホワイトボード（1.2 m×0.6 m）を設置し、断面図による毎日の切羽状況（地質、堅さ、もろさ、湧水等）や注意事項を記入しておく掲示板を設置した（名付けて「切羽マスター 切羽の達人!!」）。		
改善効果	安全朝礼時に、口答だけではなく、視覚的にも切羽状況の引継ぎや確認ができ、危険箇所の周知ができるようになった。		
活動内容 改善事項の図、写真	掲示状況 次の作業班への明確な情報伝達が可能		

その他	103	区分	ソフト部門
タイトル	入退場管理システム		
動機・改善前の状況	当日の入場者数は朝礼、昼の作業打合せ等で確認していた。 しかし入場者数が増えるにつれ、本当に何人入場しているかを把握することは困難であった。		
改善・実施事項	各人に1枚バーコードつきのカードを持たせ、入場時および退場時に専用のリーダーに入れる。入退場記録はインターネット経由でパソコン上から読み取れるようになっている。		
改善効果	日毎、月毎の集計が出るので個人、協力会社毎の出面管理が容易となった。また、誰が残業して残っているのかも検索できるので消灯、施錠の管理等で活用できた。		
活動内容 改善事項の図、写真	入退場システムおよびカード		

その他	104	区分	ソフト部門
タイトル	__ 職長会活動の充実		

動機・改善前の状況	元請側から指示したことは実施するが、あくまで受身であり、やらされている域を出ない。マンネリ化が進行していた。 　定期の安全パトロール時に指摘がなければ良いという安全一夜漬の感があった。 　ヒヤリ・ハット事例や、パトロール指摘内容をとっても、一歩間違えば大事故につながりかねないものが複数見受けられ、残された約10年という長い工期を無事故・無災害で乗り切れる状況ではなかった。
改善・実施事項	協力会社の自主的安全活動を軸とした近代的現場構築に向けて １．職長会活動の活性化に向けた取組み 　① 職長会パトロール内容のグレードアップを図る 　　・月１回から週１回へ。元請主導から協力会社主導へ。 　　・指摘内容の具体化（デジカメ使用、会社名公表、好事例も含めた掲示板への貼出し） 　② 安全衛生表彰制度の採用 　③ アイデア・提案制度を採用し、安全衛生委員会で選考する 　④ 現地ＫＹ活動を充実させる（当日作業手順書の持参と内容の随時見直し） 　⑤ 各種安全教育を実施し、周知する（玉掛け・クレーン作業等） ２．一歩進んだ自主安全運動への取組み 　各社に半年ごとに作業員全員が参加できる安全活動を展開し、結果を評価、表彰する（推進責任者は事業主本人）。啓蒙シールをヘルメットに明示し貼付する。 ３．安全衛生設備の充実による快適職場の構築 　休憩所、換気、トイレ、エレベータ、安全通路、開口部 etc. ４．フラワーポットの設置 　職長会活動の一環としてフラワーポットを現場内外に設置した。作業員はもとより、近隣からも好評で「きれいですね」と"一声かけ"てくれた。 ５．献血 　全国労働衛生週間の際、健康管理と社会貢献の両面から献血車を招き、多くの方々に協力してもらい、感謝状まで頂いた。 ６．ソフトボール・焼肉大会・腕相撲大会 　日頃あまり話をしたことがない人とも会話が弾み、全員の和をもって、大変な盛り上がりを見せた。
改善効果	１．職長会パトロール指摘内容の変化。 　・重度な物から軽微な物へ → 統計的には、片付け関連の指摘が４分の３を占めた。 　・指摘件数の減少→法違反はほとんどゼロ。 　・物損事故の際は必ず再教育し、重機損傷・接触事故が減少。 ２．事業主自らが店社パトロールに参加。災防協では遠慮のない積極的な発言が増加。 ３．ヒヤリ・ハットの減少。無事故無災害記録の更新。一現場一工夫の多数考案。 ４．くわえたばこ、ポイ捨ての皆無、清潔感の維持等、全員が現場をよくするという気持ちを持ち、連帯感と誇りの持てる現場が実現されている。 ５．兵庫労働局より「快適職場」として認定を受ける。

活動内容 改善事項の図、 写真	 水洗トイレ　 現場休憩所（愛称：オアシス）  現地ＫＹ（作業標準を持つ）　 ヘルメットに自主的安全目標  エレベーター（人力小運搬が容易）　 掲示板への貼出し  フラワーポットの設置　 献血車による献血  腕相撲大会　 掃除用具入れ（使用済みパレットの再利用）

その他	105	区分	ソフト部門
タイトル	職長当番制による新規入場者教育の実施		
動機・改善前の状況	新規入場者教育は、元請社員が行っていたが、一方的な話となり、マンネリ化していた。		
改善・実施事項	元請社員は工事概要や基本的な注意事項の説明までを行い、職長会で決めた現場のルールや詰所の使用方法等の説明は職長から行うことにした。なお、職長は当番制とし、2～3週間に1回担当となる。		
改善効果	新規入場の作業員も、ルールの説明等を自分たちの代表が行ってくれるため、話をよく聞くようになった。また、職長にも新規の作業員への教育を行うことで他職との接点もでき、責任感と一体感が生まれるようになった。		
活動内容 改善事項の図、写真			

その他	106	区分	ソフト部門
タイトル	職長会新聞の発行		
動機・改善前の状況	職長会活動はマンネリ化し形式的なものになりがちであるが、当現場は広大な範囲にわたる長期現場であるため、職長会活動が現場の安全管理上、非常に有効であると考え、活動を活発化させる手段の1つとして職長会新聞を発行することした。		
改善・実施事項	1．年3回程度を目標として発行することとした。 2．職長会議で現場の状況にあわせたテーマを選定した。 （企画開始から発行まで約1カ月を要した） 3．標語や安全宣言、アンケートといった全員参加型を目指した。		
改善効果	1．職長同士の連携が高まることで、協力会社間の連携も高まった。 2．横のつながりが良くなることにより、近接作業などが発生した場合の連絡調整がスムーズになった。 3．協力会社の安全当番による巡視結果も、会社の垣根を越えて遠慮なく指摘し合えるようになった。 4．1人ひとりの安全意識が向上していることが標語ひとつ読んでも汲取れた。なんといっても配布した時の皆の笑顔はすばらしい。		
活動内容 改善事項の図、写真	「職長会新聞」掲示状況　　　「職長会新聞」の一例		

その他	107	区分	ソフト部門
タイトル	職長会安全パトロール新聞		
動機・改善前の状況	毎週木曜日10：30から行っている職長会主導による現場安全パトロールの結果報告と是正方法を朝礼及び打合せ時に確認するのみだった。		
改善・実施事項	朝礼看板横の掲示板及び作業員休憩場所に、パトロール結果をわかり易くまとめた新聞を掲示した。		
改善効果	朝礼や打合せでの注意喚起だけでは、末端の作業員まで安全パトロールの是正内容の周知徹底が図れないことがあった。休憩場所などへの掲示により、作業員が各々新聞を読むことで指摘内容を詳しく広めることができた。		
活動内容改善事項の図、写真			

Good Practice!

その他	108	区分	ソフト部門
タイトル	安全月間表彰		
動機・改善前の状況	協力業者の安全意識、安全教育のレベルの不均一。		
改善・実施事項	毎月、安全行動、取組みの良い協力業者の職長を表彰した。		
改善効果	毎月、月初めの朝礼時、安全月間表彰を実施したところ、他工種の協力業者の安全意識の向上及び取組みの改善が見られた。また職長会のコミュニケーションも向上した。		
活動内容改善事項の図、写真			

その他	109	区分	ソフト部門
タイトル	顔写真付きＩＤカードによる入坑者管理		
動機・改善前の状況	従来、一般的な方法であった番号札による入坑者管理の問題点は、 　１．人数の把握はできるが、誰が入坑中か（会社、職種、氏名）が不明確 　２．入出坑時の交換、裏返しなどの手続き忘れが頻発 　３．番号札の紛失が起こる 等により、番号札による正確な入坑管理は困難であった。		
改善・実施事項	作業所に携わる者全員に、顔写真付きＩＤカードと個別に登録された番号カードを支給した。 　地上作業中は、ＩＤカードと番号カードの両方を作業服に装着することが義務付けられ、入坑時にはＩＤカードを入坑口に設置された入坑者管理ボードの所定の位置に掲示して入坑する。		
改善効果	当作業所においては、ＩＤカードを必ず携行し、作業服への装着が義務付けられており（携行、掲示しない者は作業できないシステムとなっている）、入坑時にＩＤカードを入坑管理ボードへ掲示することを忘れると、その視認性の良さから入坑前に作業員同士、あるいは職員からの指摘を容易に行うことができる。これにより、従来の番号札による管理で頻繁に発生していた手続き不履行による管理不徹底が概ね排除できた。 　また、管理ボード上に顔写真付ＩＤカードが掲示されているため、坑内作業中の人数だけでなく、どの作業員（または職員）が入坑しているのか容易に確認できるようになった。		
活動内容 改善事項の図、写真	 顔写真付きＩＤカードボード		

その他	110	区分	ソフト部門
タイトル	顔写真付きトンネル入坑者一覧表		
動機・改善前の状況	従来の入坑札は名前のみであり、名前と顔が一致しないこともあった。		
改善・実施事項	入出坑名札を顔写真付きとした。なお、顔写真は坑内でもわかりやすいように保護帽を装着した写真とし、所属、職務を表示してどこで就労しているかもわかるようにした。		
改善効果	この入坑者一覧表により、職場内での風通しがよくなり、就労者同士が会社を越えたコミュニケーションを図ることができるようになった。		
活動内容 改善事項の図、写真	 トンネル入坑一覧表の掲示状況		

その他	111	区分	ソフト部門（入坑者管理）
タイトル	入坑者管理システム		
動機・改善前の状況	従来の入坑表では立坑上では誰が入坑しているか把握できるが、現場事務所にいると把握できなかった。		
改善・実施事項	立坑上の入坑者一覧表の名前の上のボタンを押すと点灯し、現場事務所の掘進管理システムのパソコンの入坑者管理システムシートの入坑者の名前が緑色に変わる。また坑外へ出た時は入坑者一覧表のボタンを押すと消灯し、掘進管理システムのパソコンの入坑者管理システムシートの名前が緑から灰色に戻る。		
改善効果	緊急時においては現場にいる者に連絡し、入坑者数の確認が必要であったが、パソコンの画面で誰が入坑しているのか、また入坑者数が容易に確認できるようになり、避難体制の時間短縮にも繋がった。		
活動内容 改善事項の図、写真	入坑者一覧表 現場事務所パソコン		

その他	112	区分	ソフト部門
タイトル	自然環境にマッチした休憩所の設置		
動機・改善前の状況	自然豊かな作業環境の中、自然にマッチした仮設計画が必要であると考え、作業員休憩所にも同様のコンセプトが必要と考えた。		
改善・実施事項	現場全体は、緑豊かな大自然の中で、その自然に溶け込むように意識し、緑色をベースに作業員の憩いの場を作った。		
改善効果	作業員の昼食等に利用され、また、日陰の冷涼場所として多いに利用されている。		
活動内容 改善事項の図、写真	 休憩所全景  昼食や休憩に使えるスペースに安全関連情報の掲示も行っている		

その他	113	区分	ソフト部門

タイトル	沈埋トンネル工事内における休憩所の改善

動機・改善前の状況	沈埋トンネル内は、吸排気ダクトより外気を取り入れるため、夏場において暖かく湿った空気をトンネル内に送りこむことになる。従って、吸排気口以外では、空気が淀み、蒸し風呂の状態になる。
改善・実施事項	作業員が休憩毎トンネル外へ出て詰め所にて休憩することは、時間のロスになるためトンネル内に冷房設備を設置した休憩所を設ける事を考案した。
改善効果	トンネル内に冷房設備のある休憩所を設ける事で、休憩毎詰め所へ戻ることなく、トンネル内で随時休憩をとることができ、また熱中症予防にもなり作業環境改善に効果を上げた。
活動内容 改善事項の図、写真	

Good Practice!

その他	114	区分	ソフト部門
タイトル	工程毎の安全衛生目標の掲示		
動機・改善前の状況	現場施工にあたり、工期内無災害となると、目標となる期間が長すぎて、安全管理がマンネリ化する傾向にあった。		
改善・実施事項	工程の区切り（年内、年度末、長期休暇前、施工ブロック完了等）を目標として、「目標達成まであと何日」と毎日朝礼時に発表し、カウントダウンを行った。また、同時にOSHMSの目標を掲げ、作業員・関係者一同に目標の周知徹底を行った。		
改善効果	安全管理上、また工程管理上で作業員全員に目標が周知徹底でき、無事故で現場が完了することができた。また、目標への残り日数が一桁になると、自然と緊張感が生まれ、現場環境に大きく影響した。		
活動内容 改善事項の図、写真	工程毎の目標までの日数がわかる掲示板を作成した		

その他	115	区分	ソフト部門
タイトル	「私達の安全の誓い・品質の誓い」		
動機・改善前の状況	安全や品質に対する意識が低く、受身の作業員が目立ち、このことが現場全体の意識低下に繋がる可能性があった。		
改善・実施事項	1．安全・品質意識高揚と再確認のために、現場乗込み時（新規入場者教育実施時）に各作業員へ「安全の誓い・品質の誓い」を短冊に記入してもらい、それを安全広場に掲示した。 2．翌朝礼時、1人を指名し、その作業員が記入した内容を前日に実施できたかを作業員全員の前で確認する。		
改善効果	各々が記入することで自分自身の安全・品質に対する意識の高揚・再確認ができた。また、それを掲示し、全員で確認しあうことで現場全体の安全・品質意識高揚に繋がった。		
活動内容 改善事項の図、写真	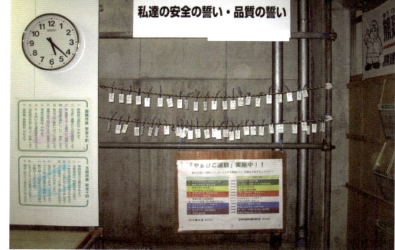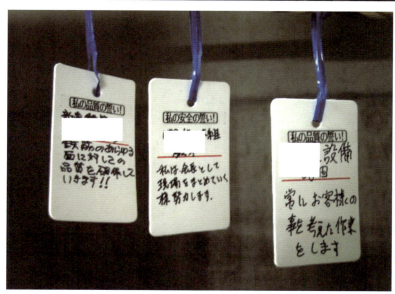短冊の現場掲示状況（会社名、氏名、誓いを自筆で記入）		

その他	116	区分	ソフト部門
タイトル	ビニール袋に入れた防火用水の改善		
動機・改善前の状況	建築現場では火気を取り扱う機会が多く、万一火災が発生した場合は初期消火が非常に重要である。 初期消火を行うためには、常に作業場所の近くに防火のための器具を設置しなければならないが、器具としては、消火器、防火用バケツ等がある。しかしながら、防火用バケツの場合、下記のような欠点があった。 ① 時間とともに水が蒸発し、補給管理がしづらい ② 灰皿やボルト入れなど、他の目的の容器にされる ③ ボウフラなどの虫が発生したり、水が汚れるため環境に悪い ④ 持ち運び時に水がこぼれるため、満タンに入れられない ⑤ 消火する時に水が飛散するため、効果が薄れる		
改善・実施事項	透明なビニール袋に水を入れ、それを防火用バケツに入れることで上記の欠点の改善に取り組んだ。		
改善効果	朝礼広場に防火用バケツを集積し、朝礼時、火気使用者に作業場所へ持参させ、作業終了時には集積場に返納させ、初期消火用水の管理に効果をあげた。 消火テストの結果は、消火爆弾のようになり、効果的消火ができた。また、消火器より安価であり、目的外使用もされにくいため作業員のモラル向上にも役立った。簡単な改善ではあるが、安全に対する工夫・改善についての啓発事例となった。		
活動内容 改善事項の図、写真			

その他	117	区分	ソフト部門（共通）
タイトル	安全標語手作りポスターの掲示		
動機・改善前の状況	建設業は危険を伴う業種ではあるが、実際に作業を行う人間の安全に対する意識の低さが原因となって発生した災害も多い。 現場には安全意識の向上を図るために危険を知らせたり、注意を喚起したりする安全標識（立入禁止、安全帯使用等）がたくさん掲げられているが、それらは日常の世界に埋もれてしまい、本来の目的である「呼び掛け」の役割が果たせているのか疑問であった。		
改善・実施事項	近年、大量生産大量消費の時代は昔話となり、個人個人のニーズに合わせた商品やサービスが求められている時代である。建設業は、その中でも「大量…」の時代から常に「オンリーワン」を造り続けてきた。今後はその中で働く1人ひとりに「オンリーワン」という考えを持ってもらうことで安全だけでなく、品質やコストの向上に繋がればよいと考え、現場で働く人達に安全についての標語や心構えを募集し、それに本人の名前を添えて、全員の目に届くところに掲示し、連帯感を持たせた。		
改善効果	安全標識に、自分が考えた標語や自分の名前が掲示されることで、作業員同士のコミュニケーションが良くなり、協調性や安全意識が向上した。		
活動内容 改善事項の図、写真	「吊荷より重い命が下にある　声を掛けよう　安全作業！ 　　　　　　　　　　　　　　　　　　　　○○建設　西松太郎」 現場で働く人達から募集した安全標語や心構えを本人の名前を添えて現場内に掲示した		

その他	118	区分	ソフト部門（共通）
タイトル	作業員をモデルにした安全掲示物		
動機・改善前の状況	市販の安全看板、安全垂れ幕等の安全掲示物を掲示していたが、作業員への注意喚起に役立っていない状況であった。		
改善・実施事項	現場特有の状況や作業員をモデルにした、より作業員の目線に近い安全掲示物を作成掲示した。		
改善効果	一般的な注意事項でなく、作業に合った注意喚起看板であり、作業員自身が撮影されているため、作業員間でも話題になる効果があった。メインの作業船で行ったが、関係する作業船からも作成・掲示の要望があり、話題性だけでなく、作業員の自己啓発にも役立った。		
活動内容 改善事項の図、写真			

その他	119	区分	ソフト部門（共通）
タイトル	オリジナル標識による安全意識の高揚と啓発		
動機・改善前の状況	市販の掲示物では、現場監督と作業員との温度差があり、現場の方針や意思を伝えにくいと思った。		
改善・実施事項	パソコンのペイントソフトを使用し、オリジナルの掲示物を作成し、各所に計画的かつタイムリーに貼る。		
改善効果	伝えたい事を伝えたい表現で伝えることができ、見る方も市販ポスターよりも素直に受け取りやすい。 現場の雰囲気も明るくなり、相乗効果は期待できる。 キチンと維持管理しなければ、（ただ貼るだけでは）逆効果になる場合もある。		
活動内容 改善事項の図、写真			

Good Practice!

その他	120	区分	ソフト部門（共通）
タイトル	実作業をモデルにした手作り安全看板		
動機・改善前の状況	通常の安全ポスターや安全看板を設置していたが、危険のポイントや標語が一般的で、実作業と合致していなかった。		
改善・実施事項	実作業をモデル（写真）とした安全ポスターを作成した。		
改善効果	危険ポイントの標語等は現地作業に見合ったものとなり、より親近感を持つことができるため作業員の安全意識の高揚に役立った。		
活動内容改善事項の図、写真			

Good Practice!

その他	121	区分	ソフト部門（共通）
タイトル	目を引くオリジナル安全標識		
動機・改善前の状況	市販の安全標識はどれも画一的なものが多いため、オリジナリティがあり、安全意識の高揚に効果のあるものはないか考えた。		
改善・実施事項	次のようなオリジナル標識を現場で制作した。 １．オリジナリティがあり、インパクトのあるもの。 ２．汎用性のあるもの。 ３．手軽に作れて、安価なもの。		
改善効果	現場に初めて入場した人からも、オリジナル標識は色使いが目を引くため、自然と内容が目に入り、小さくても標識としての効果は高いと好評だった。		
活動内容 改善事項の図、写真			

Good Practice!

その他	122	区分	ソフト部門（共通）
タイトル	安全標語の階段蹴込みへの掲示		
動機・改善前の状況	安全標語を募集して掲示するとき、朝礼広場や詰所など掲示できる場所も限られていることから、応募された標語の全てを掲示することができず、また、作業中はなかなか目につきにくかった。		
改善・実施事項	現場の階段の蹴込み部分に、応募された全ての安全標語を作者名、協力会社名入りで掲示した。		
改善効果	階段は誰もが毎日通る場所であり、蹴込み部分に貼ることで、階段を上るときには必ず目に留まるため、好評であった。また、これにより作業員同士のコミュニケーションも図られ、好評であった。		
活動内容 改善事項の図、写真			

その他	123	区分	ソフト部門（共通）
タイトル	同種工事事故事例の掲示		
動機・改善前の状況	作業員の安全意識の高揚は安全大会、安全訓練等で、事故事例等を報告していた。		
改善・実施事項	他で起きた同種事故事例等を作業員のよく目に付く位置に安全かわら版として設置し、最新情報をタイムリーに作業員に周知した。		
改善効果	他の同種工事でどんな事故が発生しているか、また作業手順の再度の確認等を周知し、作業員の安全意識の高揚に役立った。		
活動内容改善事項の図、写真	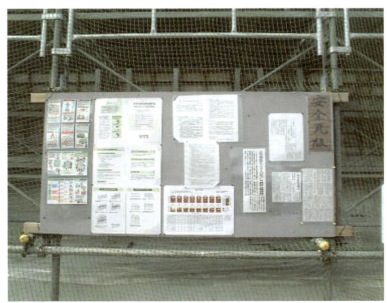		

Good Practice!

その他	124	区分	ソフト部門（共通）
タイトル	ヒヤリ・ハット事例の掲示		
動機・改善前の状況	現場で作業中にヒヤリ・ハットを経験したとき、それを水平展開して事故防止に役立てる方法はないかと考えた。		
改善・実施事項	各自、ヒヤリ・ハットを経験したとき、その内容を報告してもらうための専用用紙をつくり、朝礼会場に回収箱を設置し、提出された事例を全作業員が読めるように掲示板へ貼り出した。		
改善効果	ヒヤリ・ハット事例を掲示することで、他の作業員がそれを見て、その事例に対する対策等を考えるようになった。 また、朝礼等で発表することで、全員に周知徹底することができた。		
活動内容 改善事項の図、写真			

その他	125	区分	ソフト部門（共通）
タイトル	安全標語掲示板		
動機・改善前の状況	作業員の安全意識を高揚するために標語を募集（1回の発表では浸透されない。)		
改善・実施事項	作業員の安全意識を高揚するため、定期的に標語募集をして、安全朝礼広場に掲示して全員が毎日見られるようにしている。		
改善効果	作業員に安全に対する意識変化が現れた。		
活動内容改善事項の図、写真			

Good Practice!

その他	126	区分	ソフト部門（建築）

タイトル	建設現場における表示看板と建設資材の計画的配置
動機・改善前の状況	ほとんどの作業所で、法令を含む看板の種類・表示枚数・表示個所などが事前に計画されているだろうか？　建設資材の置場が事前に計画されているだろうか？ 　当現場では、仮囲い組立の時点から、看板の種類・取付け位置などを事前に計画し、資材の計画的配置を実施するなどきれいな作業環境を目指したものである。
改善・実施事項	内外部を通じて安全通路・資材置場などの表示を明確にし、「通路に資材を置かない」等のルールを徹底した。内部では、せき板の取外しが完了した時点で、安全通路、資材置場、消火器や清掃器具の配置場所、階段の位置、階数表示等を各フロア毎に整然と表示した。新規作業員の入場教育においてもその内容を説明し、ルール違反がないか週に2回程度パトロールを実施した。
改善効果	安全通路には資材を置かない等のルールが徹底され、通路が全工期確保できた。また、場内の清掃も行き届き、最後まで整然とした環境が保たれた。元請と協力会社において、場内をきれいに保つためには、ルール付けすることがいかに大切かということをお互いに理解できた。
活動内容 改善事項の図、写真	**朝礼時に使用する看板**：作業の内容、立入ってはならない場所を図で表示、各種資格者、安全危険予知シート等も掲示している。また、行事の垂れ幕等は左にスペースを設け掲示する。全作業員に各種事項が伝達できる唯一の場である朝礼を最も重視している。 **各フロアの表示**：各フロアとも、階段室を利用してそれぞれのフロアの案内を掲示した。主にフロアマスター、建築及び設備JVの資材の置場と色分け、資材の配置計画図（消火器の配置を含む）である。

その他	127	区分	ソフト部門（共通）
タイトル	電光掲示板による安全運転の徹底		
動機・改善前の状況	公道を利用した1日延べ500～600台におよぶダンプトラックの運行は、無事故無災害が重点管理目標であり、環境保全の観点からも道路汚染、粉じん、騒音振動防止対策への運転手の安全意識高揚が最も重要と考えた。		
改善・実施事項	ダンプトラックの公道への泥落し防止対策のための泥落装置が現場出入り口にあり、ダンプトラックが泥落装置上で停止中に運転手への安全意識高揚策として、運転手の視線の高さに点滅式電光掲示板を取り付けた。さらに標示板の点滅文字を注視するように垂れ幕に安全スローガンを掲げ、注意を喚起した。 掲示板の標示内容は、以下のとおりとした。 ・現在時刻、気温 ・標語（順番に標示）【スピード落として安全運転】 　　　　　　　　　　【アオリの音は出さないで】 　　　　　　　　　　【今日も無事故　家族のために】 また、電光掲示板の電力は環境に優しい風力・太陽光発電ハイブリッドシステムを使用し、建設業のイメージアップを図ると共に、運転手や作業員に対する安全施工、環境保全への啓蒙・動機付けを目指した。		
改善効果	運転手や作業員に現在時刻と気温がわかり好評であった。また、点滅式標示とその標語は、泥落装置上にダンプトラックで乗った時、自然に目に飛び込んできて安全運転を意識させられ大変良かったとの評価を受けた。その上、それを動かす電源は地球環境に優しい自然エネルギーである風力・太陽光発電であることを知り、アイドリングストップによる CO_2 発生抑制効果の必要性も意識させられ、運転も慎重になったと好評を得た。		
活動内容改善事項の図、写真	① 泥落装置上のダンプトラック運転手から点滅式電光標示板を見る		

活動内容 改善事項の図、 写真	 ②　点滅式電光標示板、垂れ幕設置状況  ③　標示板電源（風力・太陽光発電システム）設置状況

Good Practice!

その他	128	区分	ソフト部門（共通）
タイトル	玉掛けチョッキの着用		
動機・改善前の状況	玉掛け作業時における有資格者の確認は、ヘルメットに資格者であることを示すシールを貼る、ヘルバンドを装着する等により識別・確認することが一般的であった。 しかし、このような表示だけでは、混在作業の中で玉掛け者が周囲の作業員や重機、クレーンのオペレーターからわかりにくい状況が発生してくる。 また、玉掛け者に玉掛け作業の認識・役割分担が薄れ、ややもすると、無資格者による作業が発生する恐れもでてくる。		
改善・実施事項	玉掛け者に目立つ色（当作業所では黄色）の「玉掛者」と書かれたチョッキを着用させることで、離れた場所からでも視覚的な識別を可能にした。		
改善効果	・周囲の作業員や重機、クレーンのオペレーターから玉掛け者をはっきり認識させることが可能となった。 ・玉掛け者が従来に比べ、より玉掛け作業に対する自覚と責任感を持つようになり、無資格者による玉掛け作業がなくなった。 ・元請や職長等のパトロール時に点検や指導がしやすくなった。		
活動内容 改善事項の図、写真	 玉掛けチョッキを着用した玉掛け者		

その他	129		区分	ソフト部門（共通）

タイトル	新規入場者に対する「送り出し教育」の実施
動機・改善前の状況	作業員の基本ルールの無視や短絡・省略行為等、不安全行動による災害や工具類の取扱い不良による切創、挟まれ等の災害が頻発したため、発生の都度、対策を講じてきたが、同様な事故や災害が連続して発生した。 　原因は、 　１．事故・災害事例と対策が水平展開されていなかった 　２．各協力会社の事業主が安全に対する認識が薄く、作業員に対し現場や工事の特殊性について十分な教育をしないまま現場に送り出していた（作業員の安全教育は、元請が行うものと勘違いしている） 　３．作業所長や職員が若く、経験不足で作業員への指導力に欠けていた 　以上のことから、直接雇用関係のある協力会者事業主が「事業者責任において従業員を教育、育成する」という意識改革と、従業員にプロ意識を持たせることが急務であると感じた。
改善・実施事項	事業主を対象にした事業者責任について研修を実施し、従業員の育成・教育責任は各々の事業主にあることを認識させ、そのために「送り出し教育」制度を導入することを決定した。 　１．送り出し教育の目的 　　協力会社の事業主は、職長及び作業員を現場に送り出すにあたり、労働災害や事故を防止するため、不安全行動の防止、工具・設備の適切な取扱い方法、作業方法等について安全教育を予め実施すること。 　２．送り出し教育の種類及び教育内容等 　　（１）年間送り出し教育 　　　　実施時期：年２回以上実施 　　　　教育内容：自社の安全衛生方針、安全衛生管理計画、危険作業に対する事故・災害 　　　　　　　　防止対策事項、ルール、機械工具類の点検及び適正使用等 　　（２）現場送り出し教育 　　　　実施時期：新規現場に作業員を送り出す直前 　　　　教育内容：当該現場の現場方針、ルール、工事概要、現場入場方法等 　　（３）実施責任者：事業者または安全担当幹部社員 　　（４）教育資料の作成：テキストは「一般工事用」、「駅・駅ビル改修工事用」の送り出し教 　　　　　　　　　　　　育テキストを作成 　　（５）内　　容：事業者、作業員が守るべきルール、会社の事故防止規程、危険箇所、事故 　　　　　　　　　事例と対策等 　　（６）教育記録：各社で個人データの「作業員就労カード・新規入場者面接簿」で管理。現 　　　　　　　　　場入場時に「作業員就労カード・新規入場者面接簿」の写しを提出する
改善効果	１．事業主から「送り出し教育」実施の際に、講師の派遣依頼が多くなったことは、事業主の責任意識が変化した表れである。 ２．「作業員就労カード・新規入場者面接簿」の写しを提出することにより、教育の実績を確認でき、未受講者や実施しない会社の区別ができる。 ３．共通テキストの使用により、事故・災害事例の共有化が進み、危険予知活動に役立っている。

| 送り出し教育テキスト |

協力会社
『送り出し』教育テキスト
― 新しい現場で安全作業をするために ―
〈改訂第2版〉

平成15年8月

災害防止協力会東京支部

協力会社
『送り出し』教育テキスト
― 駅・駅ビル改修工事用 ―

災害防止協力会 東京支部

活動内容
改善事項の図、写真

Good Practice!

298

その他	130	区分	ソフト部門（共通）
タイトル	取引業者送り出し教育教本		
動機・改善前の状況	取引業者が実施すべき『作業員・関係者に対する送り出し教育』で、実施状況に格差があった。		
改善・実施事項	送り出し教育の実施内容を具体的に記述した教本を作成配布し、教育促進を図り、取引業者の基礎教育の充実に寄与した。		
改善効果	1．作業所入場初期の段階での災害を防止できた。 2．全社の安全ルールを周知できた。 3．稼動する作業所が変わる毎に必ず教育実施して現場特性を認識し、各自の役割と責任を認識させ、自立型安全を確立できた。		
活動内容 改善事項の図、写真			

Good Practice!

その他	131	区分	ソフト部門（共通）
タイトル	安全パトロール時に行う教育訓練		
動機・改善前の状況	安全パトロールといえば点検表での点検と指導が主体であったが、マンネリ化し実施意義が薄れつつあったため改善が急務であった。		
改善・実施事項	パトロール実施中に、パトロール者と作業員が一緒になって短時間でできる教育訓練を行う。 〈実施訓練の例〉 ①　グーパー運動の実施訓練 ②　安全帯の点検とぶら下がり体験 ③　救急救命訓練　etc		
改善効果	作業員と安全パトロール実施者が同じ話題を共有化することにより一体感が生じ、作業員の末端までパトロール指導事項に対する認識度が高まった。また、パトロール参加者への安全教育にもなった。		
活動内容 改善事項の図、写真	 グーパー運動実施訓練状況 消火活動訓練状況		

Good Practice!

その他	132	区分	ソフト部門（共通）

タイトル	安全衛生協議会時の安全レベルアップ教育
動機・改善前の状況	協力業者による店社パトロールを行っているが、基準となる法を理解している方が少ないと感じ、これでは職方さんへの指導・教育が難しいと感じた。
改善・実施事項	協議会の際に5分程度で、数値などの簡単なテストを行い基準値を理解することによって、パトロールの際にまた違った見方ができるのではないかと思い実施。
改善効果	店社パトロール実施結果の際に、具体的な数値などを記入してくるようになった。 また、協力業者が行う安全教育の場で、活用しているという話を聞き、安全についてのレベルアップが期待できる。
活動内容 改善事項の図、写真	現場代理人のための豆テスト　平成19年1月10日 下記の問題にて、正しいものに○をつけよ。 ① 図A　脚立作業時において、開きの角度は（60°以内・75°以内・75°以上）とする。 ② 図B　足場板受台（うま）使用時において、足場板の重ね部分の長さは（20cm・30cm・40cm）以上とする。 ③ 図B　足場板受台（うま）使用時において、足場板の突出し長さは（10cm・15cm・30cm）以上、かつ、足場板長さの1/18以下とする。 ④ 図C　移動はしご作業において、高さ又は深さが（1.5m・1.8m・2.0m）を超える箇所で作業を行う時は、昇降するための設備等を設ける。 ⑤ 図C　移動はしご作業において、はしごの上端を床から（30・60・80）cm以上突き出す。 ⑥ 図D　安全帯のかけ方について、正しいものは（イ・ロ・ハ）です。 ⑦ 図E　作業床について、作業床とする場合幅を（25・40・50）cm以上とする。 ⑧ 図E　作業床について、床材間のすきまは（3・5・30）cm以下とする。 ⑨ 作業所にて（55・60・65）歳以上は高齢者となるので、高所作業をさせないなどの適正配置が必要です。 ⑩ 高さ・深さが（1.8m・2.0m・2.5m）以上の墜落のおそれがある箇所で、囲い・手すり等を設置できない場合には、安全帯を使用する。 ◎今回の出題はいかがでしたか？比較的基本となる問題でした。『適正使用』という言葉を安易に使用していませんか？基本を理解して無事故で竣工まで頑張りましょう。 ●●●●建設株式会社 （仮称）●●共同住宅新築工事 第5回　安全衛生協議会

その他	133	区分	ソフト部門（共通）
タイトル	新規入場後のフォローアップ教育		
動機・改善前の状況	新規入場時に資料を用いて安全教育を実施し、その記録を残しているが、受講者の理解度が全くわからなかった。		
改善・実施事項	フォローアップを目的に入場後7日経過時点でアンケートを行い、理解度の調査を実施する。		
改善効果	安衛責任者によりアンケートを実施し、理解の少ない内容について再度教育することにより、注意、遵守事項の周知徹底を図ることができた。		
活動内容 改善事項の図、写真	（新規入場者フォローアップ教育用アンケート）		

その他	134	区分	ソフト部門（共通）
タイトル	ビデオソフトによる新規入場者教育		
動機・改善前の状況	職員、あるいは協力業者の職長による新規入場者教育を、紙の資料ならびに、口頭にて教育を実施していた。		
改善・実施事項	新規入場者用の教育ビデオを作成し、これを新規入場者教育の教材として使用した。		
改善効果	映像による視覚効果のため、受講者には、わかりやすいとの好評であった。 〈問題点〉 長期の現場では、仮設物の状況等が変化して、ビデオ内容と差異が生じて来るものがある。		
活動内容 改善事項の図、写真	教育用ビデオの導入部　　　作業所の方針 作業所隣接部分の説明　　　工事出入口の注意事項		

その他	135	区分	ソフト部門（共通）
タイトル	イントラネットを活用した熱中症教育スライド・ビデオのオンデマンド配信		
動機・改善前の状況	都市部における夏の暑さは、年々厳しさを増しており、熱中症対策の重要度は益々高まっている。休憩所の冷房設備等のハード面の改善と並行して、熱中症の怖さを理解させるツールが欲しいと考えた。		
改善・実施事項	熱中症災害統計やその対策を記したスライドと熱中症教育ビデオを組み合わせ、イントラネット上で公開し、24時間オンデマンド配信を実現した（夏期に限定）。		
改善効果	イントラネットに接続されたパソコン（全従業員に配布）であれば、見たい時に、いつでも、「熱中症教育スライド・ビデオ」を見ることができる。 また、熱中症被災率の高い新規入場者の視聴覚教材として活用できた。平成18年の熱中症2件に対して19年は0件（当社における休業4日以上の労働災害）と減少した。		
活動内容 改善事項の図、写真	（STOP！熱中症 赤信号です 夏！ 2007年版 安全環境品質部／熱中症対策 6つのポイント／熱中症死亡災害 全国（全産業）で 平成17年 23名 平成18年 17名／ここに注目！ ・梅雨明けから8月に多発！ ・現場入場から7日以内が8割（熱中症死亡被災者） ※夏の新規入場者は要注意）		

Good Practice!

その他	136	区分	ソフト部門（共通）
タイトル	安全帯点検及び正しい使用方法の教育・落下実験		
動機・改善前の状況	安全巡視時に、著しい損耗がある安全帯の装着が顕著に見られた。 また、不適切な使用（取付け高さ、フックの使用状況等）が見受けられた。		
改善・実施事項	災害防止協力会会員及び協力会社事業主を招集し、安全帯の点検方法及び正しい使用方法の教育を実施し、現場にて実際に作業員の安全帯を点検した。さらに、点検時に不良と判定された安全帯を供試体として、75kgのウェイトを吊るし、自由落下させて、墜落とその損傷状況を事業主及び作業員に観察させた。 　実験結果を災害防止協力会安全大会において会員に周知した。		
改善効果	事業主及び個々作業員の認識が改まり、会員会社における不良な安全帯が減少した。		
活動内容 改善事項の図、写真			

その他	137	区分	ソフト部門（共通）
タイトル	イラスト化した作業手順書の掲示		
動機・改善前の状況	作業手順・計画は作業着手前に関係者全員へ周知を行うが、手順書は事務所に保管されるので、作業員が現場で確認することができないため、「思い込み・安易な判断等」のヒューマンエラーが起きる。また、作業員の行っている作業が手順どおりに行われているかは作業に精通した者しか判断できないため、巡視者が手順の不履行を見逃すことがあった。		
改善・実施事項	重機作業の場合、重機の見やすい場所にイラスト化した作業手順書を貼った。		
改善効果	・作業員が手順書を確認できるため作業手順不履行がなくなった。 ・巡視者が、手順を確認できるため、指導が具体的なものとなり不安全行動がなくなった。		
活動内容 改善事項の図、写真	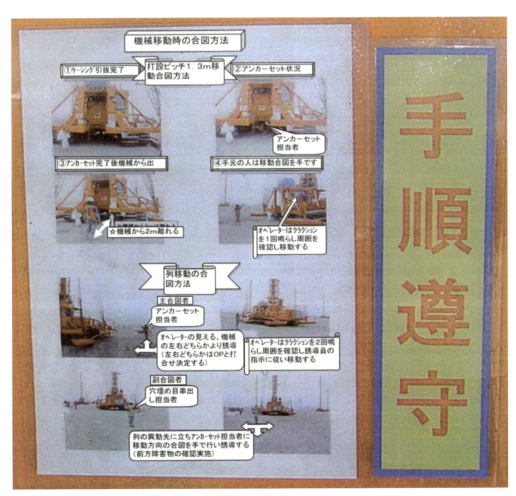		

その他	138	区分	ソフト部門（建築）

タイトル	型枠スラブ張り作業墜落・転落災害防止措置確認書
動機・改善前の状況	作業の進め方や作業方法を協力業者に任せていたが、不整形の建物についてうまくやり切れていないことが多々あり、高所作業の状態にも関わらず、何ら措置を講じずに作業を進めていた。
改善・実施事項	協力業者の作業手順書とは別に管理する書類として標記確認書を提案
改善効果	開口部の状況を事前に把握できるので墜落・転落防止措置を速やかに取り付けることができた。
活動内容 改善事項の図、写真	A棟・B棟共通型枠工事スラブ張り作業、作業手順書（墜落、転落防止措置の確認書） No1

① コンクリート打設完了後、外部足場せり上げ完了時　足場～足場（短辺方向）の親綱先行張り
 - いつ：外部足場せり上げ完了時　躯体サイクル1日目のPM 又は、躯体サイクル2日目のAM
 - だれが行う：主：鳶工　作業主任者：　副：担当者
 - だれが確認する：組　主：　副：　副：
 - 先行親綱張り

② 小梁上げ作業時　足場～短辺親綱・親綱～親綱への大梁・小梁上部親綱張り
 - いつ：小梁上げ作業時　スラブ張り作業開始前　躯体サイクル3日目、4日目
 - ※サポート段取り、大引き段取り作業は作業台、脚立作業で下部より行う
 - だれが行う：型枠大工　A棟 作業主任者：主 副：　B棟 作業主任者：主 副：
 - だれが確認する：主：A棟 作業主任者　B棟 作業主任者　副：組
 - 長辺方向親綱張り

③ スラブ張り作業時　張られた親綱に安全帯を使用し（墜落、落下防止措置）スラブを張る
 - いつ：スラブ張り作業時　躯体サイクル4日目、5日目
 - ※根太パイプの段取りベニア張りは安全帯を使用し端部より張り進む
 - ※親綱は墜落、落下の恐れの無くなるまで、張ったまま
 - だれが行う：型枠大工　〇〇建設　作業員全員　※作業主任者の指示により当該作業にあたる者全員
 - だれが確認する：主：A棟 作業主任者　〇〇〇〇　B棟 作業主任者　〇〇〇〇　副：組
 - 安全帯使用作業

A棟・型枠工事ELVピット塞ぎ作業、作業手順書（墜落、転落防止措置の確認書） No2

① コンクリート打設前まで　ELVシャフトには、型枠を利用した手摺設置状態　スラブ張り作業時には親綱設置状態
 - いつ：コンクリート打設迄　躯体サイクル5日目～11日目
 - ※ELVシャフト内側に型枠パイプを建てとじとしてのばし手摺設置
 - ※手摺取り付け迄のスラブ張り作業は親綱を設置し、安全帯を使用し行う
 - だれが行う：手摺建てじ取り付け　型枠大工（〇〇〇〇）　作業主任者：　※ELVシャフトコーナーに縦パイプ（4mを2本）型枠締め固め時に取り付け　手摺パイプ取り付け　鳶（〇〇建設）　作業主任者：　※スラブ張り完了時型枠からの縦パイプを利用しクランプにて手摺を取り付ける
 - だれが確認する：組　主：〇〇〇〇　副：〇〇〇〇　副：〇〇〇〇
 - スラブ張り作業用親綱手摺が付く迄張ったまま
 - 安全帯使用表示
 - スラブ張り完了時裏が手摺を取り付ける
 - 型枠締め固め時型枠大工が縦パイプ 4m×2取り付け

② コンクリート打設後、型枠解体前　ELVシャフト外部（スラブ側）に手摺取り付け
 - いつ：コンクリート打設後　ELVピット型枠解体前　躯体サイクル1日目
 - ※コンクリート打設迄の手摺はそのままで、ELVシャフトの外側（スラブ側）に手摺を取り付ける〈一時的に二重手摺とする〉
 - ※手摺取り付け後にシャフト内手摺を撤去し、型枠解体にはいる（荷揚げ作業等も手摺は外さない）
 - だれが行う：鳶（片品建設）　作業主任者：〇〇〇〇　※外部足場材の荷揚げ中（朝一）にコンクリート打設迄の手摺はそのままで、ELVシャフトの外側（スラブ側）に手摺を取り付ける〈一時的に二重手摺とする〉手摺取り付け後にシャフト内手摺を撤去する。　型枠解体工　作業主任者：〇〇〇〇　※安全施設の確認後、解体作業
 - だれが確認する：組　主：〇〇〇　副：〇〇〇　副：〇〇〇　型枠解体工　作業主任者：〇〇〇
 - 開口部注意表示
 - コン打設迄の手摺はそのまま、外側に手摺を取り付ける

③ 安全施設取り付け後、手摺を利用し、安全帯を使用してELVシャフトの床開口部の塞ぎ作業（その後は一般作業）
 - いつ：ELVシャフト廻りの安全施設取付後　躯体サイクル1日目
 - ※大引き、根太パイプの段取は下部作業床より脚立作業　ベニア張り作業は上部より安全帯を使用スラブ側よりベニアを張り進め、穴を塞ぐ
 - だれが行う：型枠大工　〇〇建設（〇〇班）　作業員　※作業主任者の指示により当該作業にあたる者全員
 - だれが確認する：主：A棟 作業主任者　〇〇〇〇　副：組　〇〇〇〇　〇〇〇〇　〇〇〇
 - 安全帯を使用し、スラブ側からベニアを張り穴を塞ぐ |

その他	139	区分	ソフト部門（土木）
タイトル	潜水作業者毎のチェックシートによる健康管理		
動機・改善前の状況	潜水業務では潜水の人体に与える影響を考慮した健康管理が必要であった。		
改善・実施事項	1．潜水作業者毎のチェックシートを作成し、自己管理できるようにした。 2．朝礼前の血圧測定の実施		
改善効果	1．潜水作業者が自らチェックすることにより体調を把握しやすくなった。 2．自己管理による健康の保持、増進に努めることによって作業適用能力と潜水障害防止に有益であった。		

活動内容 改善事項の図、写真

潜水作業（作業前）に係わる健康管理チェックシート

事業者名　　　　　氏名

区分	チェックポイント	1月	2火	3水	4木	5金	6土	7日	8月	9火	10水	11木	12金	13土	14日	15月	16火
睡眠	よく眠れたか																
	気持ちよくすっきり起きれたか																
	夜更かしはしなかったか																
	その他																
食事	食事はきちんと摂ったか																
	食事はうまかったか																
	その他																
体調具合	風邪を引いていないか																
	胃の具合はどうか																
	熱はないか																
	二日酔いではないか																
	便通はあったか																
	おなかの具合はどうか																
	痛いところはないか																
	体はだるくないか																
	姿勢はしゃんとしているか																
	きびきびと動いているか																
	血圧（上）																
	血圧（下）																

次のような症状及び最近の慢性的な障害がある場合は、潜水作業に従事しないで下さい

（症状）
　かゆみ、手足の痛み、胸苦しさ、意識障害、歩行障害、知覚障害、しびれ　等

（最近の慢性的な障害）
　腰痛、難聴、関節痛、筋肉痛　等

Good Practice!

その他	140	区分	ソフト部門（共通）
タイトル	ヒューマンエラー度チェックシート		
動機・改善前の状況	災害発生要因を分析すると、ほとんどがヒューマンエラーに起因するものであった。		
改善・実施事項	「ヒューマンエラー度チェックシート」を作成した。		
改善効果	チェックシートの活用により、自分で気が付かないヒューマンエラー要因を認識することができ、ヒューマンエラー防止の効果がある。		
活動内容 改善事項の図、写真	ANDX **あなたの事故に遭う確率は？！** **ヒューマンエラー度チェック** YESの数をかぞえて下さい。 |	チェックポイント	YES・NO
---	---	---
1	この現場に来てから、まだ7日以内である。	Yes・No
2	この職種について経験年数は、まだ1年未満である。	Yes・No
3	自分の年齢は、60歳以上である。	Yes・No
4	昨日の睡眠時間は、6時間未満である。	Yes・No
5	飲み過ぎや食べ過ぎで本日は、体調がすぐれない。	Yes・No
6	最近、疲れがなかなか取れない。	Yes・No
7	緊張して手に汗をにぎったり、鼓動が早くなったりすることがある。	Yes・No
8	身の回りの事で、心配ごとがある。	Yes・No
9	仕事中に、他のことを考えることがよくある。	Yes・No
10	今日の朝礼での注意事項について、内容をあまり覚えていない。	Yes・No
11	朝のラジオ体操を、一生懸命やらなかった。	Yes・No
12	体力、運動神経には自信があるので自分は事故を起こさないと思う。	Yes・No
13	仕事の速さでは、人に負けたくない。	Yes・No
14	いつもやっているから、ケガをすることはない。	Yes・No
15	危険な場所であっても、みんなが通っていれば通る。	Yes・No
16	移動する時に、ついつい近道を通る。	Yes・No
17	不安全行動を見ても、注意しない。	Yes・No
18	仕事に集中すると、まわりが見えなくなる。	Yes・No | Ｙｅｓ数が5個未満の方・・・・・・・・・・・・・事故に遭う確率は20％です。 Ｙｅｓ数が5個以上10個未満の方・・・・・・・事故に遭う確率は40％です。 Ｙｅｓ数が10個以上15個未満の方・・・・・・事故に遭う確率は60％です。 Ｙｅｓ数が15個以上20個未満の方・・・・・・事故に遭う確率は80％です。		

その他	141	区分	ソフト部門（共通）
タイトル	安全帯の確認		
動機・改善前の状況	高所作業他での安全帯使用作業中に実際に転落した場合、安全帯が正規に動作するかを常に確認する必要があるため		
改善・実施事項	毎月の安全大会開催時に下図安全帯チェックシートを使用し安全帯の確認を行う。		
改善効果	毎月安全帯のチェックを行うことにより使用期限が過ぎたもの、使用頻度が多く交換が必要な安全帯使用者を事前に把握し是正することができた。		
活動内容 改善事項の図、写真			

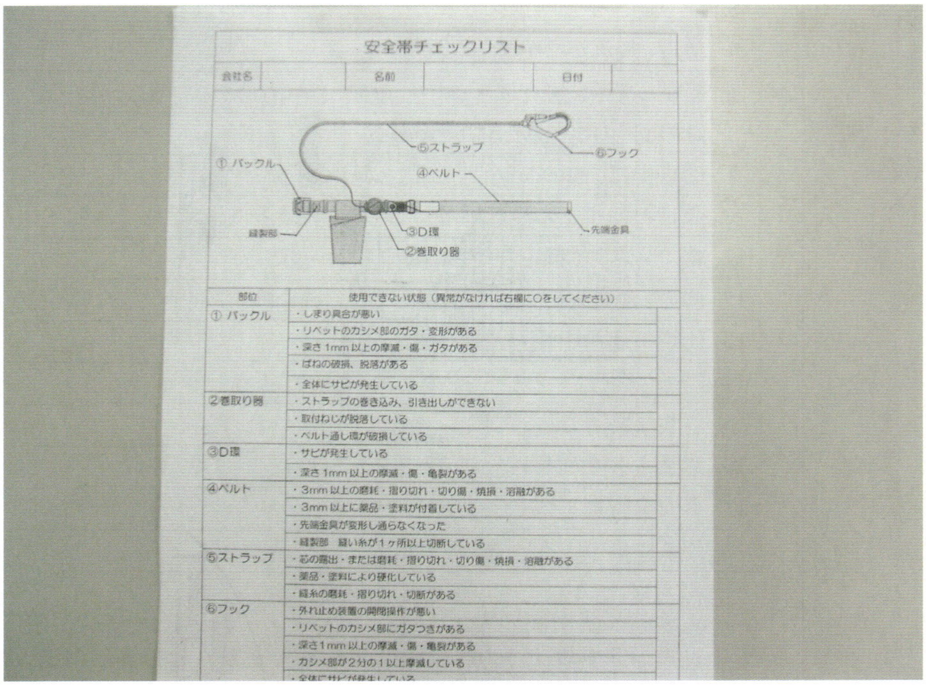

Good Practice!

その他	142	区分	ソフト部門（共通）
タイトル	現場における「熱中症」予防対策の実施		
動機・改善前の状況	本支店の「熱中症」対策諸冊子、ポスター等や環境安全衛生委員会での説明等で現場対応していたが、施主環境管理部健康管理室担当者の講話と資料から初期の予防対応と判断を行ううえで良い資料を入手した。		
改善・実施事項	１．現場事務所に新たに体温計を常備し、目眩等、普段と様子が違う時はすぐに体温を測るよう指導した。 ２．塩分の摂りすぎを防ぐために血圧測定も実施した。		
改善効果	具合が悪いと感じた作業員は、現場事務所で確認用資料に基づいてヒアリング、体温測定、血圧測定をすることで「熱中症」に対しての本人の確認も含め、予防効果がこれまでの現場対応に比べ高めることができた。		
活動内容 改善事項の図、写真	① オリジナルポスターの作成、掲示 ② 確認用資料		

Good Practice!

その他	143	区分	ソフト部門（共通）
タイトル	交通誘導員の熱中症対策		
動機・改善前の状況	交通誘導員の熱中症対策としてパラソル及び水分補給で対応していたが車両誘導中は日差し下であり体力的に非常に過酷であった。		
改善・実施事項	交通誘導員の作業条件を改善するため、パラソル、水分補給に加え冷却ベスト（専用ベストに冷却パッドを入れるもの）を着用させ身体への負担の軽減を図った。		
改善効果	交通誘導員から日中の交通誘導が楽になったと評価され、熱中症の発生も無かった。首に巻くものと違い、胸部に着用するため冷えによる頭部への負担が無かった。		
活動内容 改善事項の図、写真	冷却ベスト着用状況 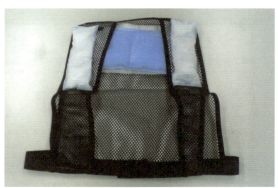 冷却ベスト		

その他	144	区分	ソフト部門（共通）
タイトル	建設現場における『サマータイム安全施工サイクル』の導入		
動機・改善前の状況	建設現場作業員は、異常気象、ヒートアイランド現象など様々な要因のある中で、夏期は酷暑の下で作業せざるを得ない悪条件下にある。彼らの身体的負荷を低減させ、熱中症から身を守る有効策が現場単位で必要であると思った。		
改善・実施事項	① 『サマータイム安全施工サイクル』を導入した。 　作業開始を30分繰り上げ、作業終了は18:00とすることで、1日の仕事量を維持しながら、昼食時の休憩時間を1時間30分、午後の休憩時間を1時間確保して、高温時の作業を回避し負荷を低減させた。 ② ＷＢＧＴ熱中症指標計を配備した。晴天が予想される日は朝礼時に熱中症情報を伝達し、随時ＷＢＧＴ値を把握し、測定値を予防に活かした。 ③ 現場詰所に熱中症セット（瞬間冷却剤、体温計、非常用保存水、圧縮タオル）を常備し、熱中症発症時に初期対応に備えた。		
改善効果	今夏は1人も熱中症を発症させることなく、乗り切ることができた。		
活動内容 改善事項の図、写真			

その他	145	区分	ソフト部門（共通）

タイトル	段差つまずき防止のシール明示
動機・改善前の状況	段差への注意不足のため、作業員の蹴つまずきによる転倒が多かった。
改善・実施事項	シールと看板による明示を行い、注意を喚起した。
改善効果	蹴つまずきがなくなった。
活動内容 改善事項の図、写真	

Good Practice!

その他	146	区分	ソフト部門（建築）

タイトル	「フロアマスター制度」によるフロア別安全管理
動機・改善前の状況	建築工事における各階（フロア）の安全管理の充実を図る方策を検討していた。
改善・実施事項	各階に責任者を選任し、役割分担を明確にして災害を防止する。 （安全通路の確保、清掃用具の管理、片付けの確認、伝達事項表示）
改善効果	1．取引業者の中から、責任者を選任したことで、各作業員の協力が得られて快適職場環境の向上にも繋がった。 2．安全以外の伝達事項も周知徹底が図られるようになった。
活動内容 改善事項の図、写真	フロアマスター制度による各階の連絡調整 安全に関する事項の記入　連絡事項　平面図　各フロアーでの連絡調整事項を記入

Good Practice!

その他	147	区分	ソフト部門（共通）
タイトル	パネルカードによる運転者の明示		
動機・改善前の状況	高所作業車の運転、操作には資格が必要であるが、これまで有資格者であるかどうかは、資格証を確認しないと分からなかった。		
改善・実施事項	「この機械の運転者は私です」と書いた資格内容と顔写真を明示したパネルを作り、高所作業車に掲示した。		
改善効果	パネル制作時に資格内容を事前に確認でき、顔写真入りで表示することで運転者が機械の使用に責任を持つようになり、また、使用者が明確になることで管理やチェックもし易くなった。		
活動内容 改善事項の図、写真	 高所作業車に使用する運転者の資格パネルを掲げている 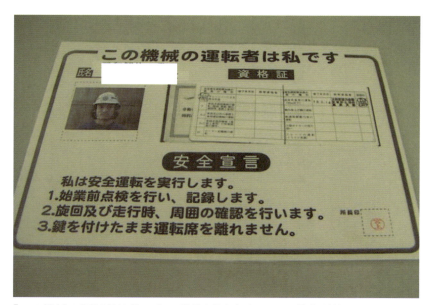 「この機械の運転者は私です」（顔写真入りなので、他人が使用していたらすぐに気付く）		

Good Practice!

その他	148	区分	ソフト部門（共通）
タイトル	移動式クレーン運転時のルール		
動機・改善前の状況	運転手の作動キー保管状況の不備や安全装置の管理の不備があったために注意喚起していた。		
改善・実施事項	自社安全教育受講修了証の携帯や安全啓発ステッカーの掲示、ストリングキーの使用により、安全性を向上させた。		
改善効果	1．作動キーの所持についてのウッカリ忘れを防止できた。 2．安全教育を促進して運転技術および安全作動の一層の向上を図ることができた。		
活動内容 改善事項の図、 写真	移動式クレーン運転時のルール 講習修了証を胸に取り付けている運転士 講習修了証 鍵の抜き忘れ防止のストリングキー使用状況 クレーンの運転者の見易い所へ表示 マグネット式の啓蒙看板		

Good Practice!

その他	149	区分	ソフト部門（共通）
タイトル	重機オペレーター席に貼った「私の安全宣言」カード			
動機・改善前の状況	建設機械による災害は建設業3大災害の1つに上げられ、特にバックホウによる災害が最も多い状況にあった。その主たる原因はオペレーターの不安全行動によるものであり、これを防止するための有効な方策が求められていた。			
改善・実施事項	バックホウオペレーターの安全に対する意識を向上させると共に、安全運転の責任を自覚させることを目的に「私の安全宣言」カードを作成。カードには顔写真と共に氏名とオペレーター自身の安全運転に対する宣言を記入させた。そして、これを外部から見えるようにオペレーター席の窓に掲示させ、他の作業員に対しオペレーター自身の安全に対する誓いを宣言させた。			
改善効果	これを実施することにより、オペレーターの安全意識が高まり、これまでみられたバックホウ運転に伴う作業半径内立入り、エンジンキーの抜き忘れ等の不安全行動を減らすことができた。			
活動内容 改善事項の図、写真	**私の安全宣言** この機械のオペレーターは 私です。 氏名／会社名：建設／資格名：車両系建設機械 私は作業半径内に人を立ち入らせません 私は離席時にはエンジンを止め鍵を取ります 私は重機の始業前点検を行います 私はバックホーによる災害を起こしません			

Good Practice!

その他	150	区分	ソフト部門（土木）
タイトル	ダンプトラック積載標準図		
動機・改善前の状況	造成工事において、ダンプトラックによる場外への残土搬出を行う場合、積込量をバックホウオペレーターの経験に頼っていたため、積込量が一定せず過積載の状態で搬出する場合があった。		
改善・実施事項	定期的にポータブルトラックスケールにより積載荷重を管理するとともに、標準荷姿とバケット積込回数を定め、図式化したものをオペレーターに渡し積込量のバラツキをなくすようにした。		
改善効果	土質等の変化にもその都度対応でき、オペレーターが代わっても個人差がでないようになった。また、ダンプトラック運転手からの過積載のクレームも減少した。		
活動内容 改善事項の図、写真	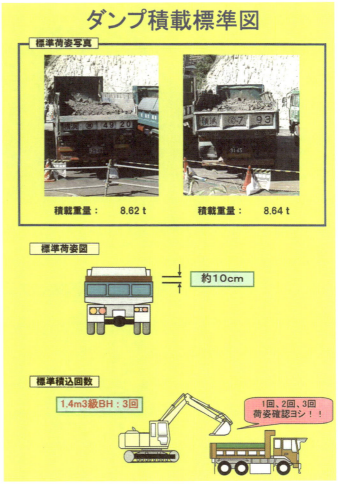		

その他	151	区分	ソフト部門（共通）
タイトル	『この機械の運転者は私です』（取り外し可能ステッカー）		
動機・改善前の状況	数台の重機を使用して作業しているが、指定運転者と資格等の確認をパトロール時等で容易に確認できなかった。		
改善・実施事項	・重機械運転者の資格確認と指定運転者を一目で確認できるようにした。 ・顔写真等掲示により安全運転の自覚向上の改善になった。		
改善効果	各重機のキーと運転者証をセットにして渡し、作業終了時に両方回収することでキーの管理に今まで以上の責任を持つようになった。また、指定者以外の運転ができなくなった。		
活動内容 改善事項の図、写真			

Good Practice!

その他	152	区分	ソフト部門（共通）
タイトル	過負荷防止装置解除キーの保管（所長席傍）		
動機・改善前の状況	移動式クレーンの安全装置を維持するために、クレーンのモーメントリミッターキーを、事務所で保管することとしているが、クレーンオペレーターのキーの預け忘れや職員のキーの預かり忘れなどがあった場合には、これに気づかずキーの管理が確実には行われていない。		
改善・実施事項	リミッターキーを保管するために下記のような保管箱を作成し、作業所長席の背面若しくは横面に掲示し、忘れなどが発生しないように作業所長が管理する。		
改善効果	リミッターキーの預け忘れや預かり忘れ等がなくなった。また、リミッターキーは目視により、預かっていることが確実に確認できるようになった。		
活動内容 改善事項の図、写真			

その他	153	区分	ソフト部門（共通）
タイトル	過負荷防止装置解除キーの管理（ボディ本体横）			
動機・改善前の状況	過負荷防止装置の解除キーを、オペレーターが自由に操作できた。			
改善・実施事項	ボディー本体へ約6mmの穴をあけて、ダイヤル式ロック錠で施錠した。			
改善効果	オペレーターは開錠番号を知らないため、勝手に過負荷防止装置の解除キーを操作することができなくなった。			
活動内容 改善事項の図、写真				

その他		154	区分	ソフト部門（共通）
タイトル	脚立に取り付けた取扱説明書			
動機・改善前の状況	脚立の使用方法を理解していない人が多く、その都度、脚立の使用方法を説明するのは大変な労力であった。			
改善・実施事項	取扱注意事項を明記した掲示を全ての脚立に取り付けた。			
改善効果	脚立の使用方法や取扱注意事項をすぐにその場で確認でき、使用者に周知されるようになった。			
活動内容 改善事項の図、写真				

当作業所の脚立取扱注意事項

○ 使用前に点検を行い、著しい損傷がないか、開き止め金具、脚部滑り止めゴムの有無を確認すること。
○ 高さが6尺を超えるもの、ステップがないもの、脚部に滑り止めゴムのないものは使用しないこと。
○ 脚立を設置する時は、整理整頓し、水平で安定した場所とすること。
○ 開き止め金具を確実に掛けて使用すること。また、脚立の滑動・沈下防止の処置をとること。
○ 脚立昇降は脚立に背を向けて行わないこと。必ず、脚立のほうを向いて昇降すること。
○ 脚立に上げる工具等は、紐で縛り、天板をまたいでから引き上げること。手に物を持ったままの昇降はしないこと。
○ 脚立を使って作業をする時は、不安定な姿勢で作業をしないこと。脚立にしっかりつかまり、足元を十分確認して作業すること。
○ 脚立の天板上での作業は禁止。
○ 床スリーブ等の付近で脚立を使用する時は、スリーブを養生してから作業を行うこと。
○ 足場板を用いて脚立を使用するときは、3脚用い、3点支持とすること。また、足場板はゴムバンド等で強固に結束すること。
○ 脚立にパイプ等の継ぎ足しは禁止。
○ 上記の取扱注意事項を守らない人は脚立の使用を禁止する。

建設工事共同企業体
2005.8.

Good Practice!

その他	155	区分	ソフト部門（共通）
タイトル	脚立天板作業禁止の注意喚起カバー		
動機・改善前の状況	狭あいな場所などでは脚立を使わざるを得ない場合があるが、天板に乗って作業すると不安定であり墜落の危険が大きい。		
改善・実施事項	「天板に乗って作業しない！」と書いた注意喚起用の黄色カバーを天板に取り付け、天板作業禁止の注意を喚起し、ルールを徹底した。		
改善効果	作業員へのルールが徹底され、脚立の天板上での作業がなくなった。		
活動内容 改善事項の図、写真			

Good Practice!

その他	156	区分	ソフト部門（共通）
タイトル	\multicolumn{3}{l	}{ヘルメットに携帯する緊急時対応マニュアル}
動機・改善前の状況	\multicolumn{3}{l	}{工事現場における緊急時の連絡体制や初期行動、役割分担は、漠然としており、対応の遅れによる人的被害や物的被害の拡大が懸念された。}
改善・実施事項	\multicolumn{3}{l	}{1．テロ行為を含めた緊急時の対応（連絡体制、初期行動、役割分担、等）をマニュアル化した。 2．安全衛生教育を通じて職員や協力会社作業員に周知、徹底を行った。 3．マニュアルを小冊子化してヘルメット内に携帯することにより、初期対応の迅速化を図った。}
改善効果	\multicolumn{3}{l	}{元請職員を含め、現場内作業員が緊急事態における対応を共有化することにより、各自の安全衛生確保を含めた安全衛生意識の高揚を図ることができた。}

活動内容 改善事項の図、写真

「緊急時対応マニュアル」のヘルメット内携帯状況

「緊急対応マニュアル」の内容（一部）

緊急連絡先一覧表

	連絡先	電話番号
1	＊＊建設現場事務所	000-000-0000
	坑内電話	事務所2F「10」、事務所1F「19」
2	○○所長	090-0000-0000
3	○○主任	090-0000-0000
4	□□主任	090-0000-0000
5	○□	090-0000-0000
6	□○	090-0000-0000
7	●●	090-0000-0000
8	(首都圏)土木事業部	03-0000-0000
9	△△支店	025-241-0000
10	(関東)土木	048-834-0000
11	(関東)安全	048-834-0000
12	□○建設 ○○所長	090-0000-0000
13	□○建設 事務所・宿舎	000-000-0000
14	□□建設	0000-00-0000
15	○○河川国道事務所	000-264-0000
16	●●監督官携帯	090-0000-0000
17	○○労働基準監督署	000-291-0000
18	●●総合病院	000-000-0000
19	○○東警察署	000-253-0000
	※110番の際は住所を連絡	○○市○○町○-○
20	○○駅西消防署	000-231-0000
21	☆☆電力○○営業所	000-231-0000
23	○○国道 降水量	000-233-0000

テロ対策（不審物発見時） 物

① 現場：不審物発見
② 元請職員に連絡 → 元請：●●監督官に第1報
　①不審物の状況報告
　②警察に通報するか否かの指示を受ける
　③元請けで通報の場合110番
　④不審物発見の旨と共に住所を連絡（○○市○○町○-○）
③ 作業中止
④ 坑内：不審物に近づけないよう立入禁止措置を行い、元請け職員の指示のもと、全員坑外に退避する（人員確認）
　坑外：不審物に近づけないよう立入禁止措置を行い、元請け職員の指示のもと、不審物から離れて全員退避する（人員確認）
元請：●●監督官に第2報　全員退避の報告
⑤ 警察の不審物処理班の到着を待つ
　不審物に異常のない事を確認
　不審物処理が完了したことを確認
⑥ ●●監督官に第3報　作業再開の指示を求める
⑦ 作業再開

Good Practice!

その他	157	区分	ソフト部門（共通）
タイトル	緊急時連絡カードの配付		
動機・改善前の状況	緊急時の連絡先は、現場の安全掲示板には掲示してあるが、海上の作業中の対応が迅速に行えない可能性があった。		
改善・実施事項	新規入場者教育時に「現場事務所・現場代理人・監理技術者・担当者」の電話番号を明記したカードを全員に配布し、資格者証等と一緒に携帯してもらった。		
改善効果	現場事務所のほか、元請3名の携帯電話番号を明示したことで、どんな場所にいても緊急時の連絡対応を取れるようになった。		
活動内容 改善事項の図、写真			

Good Practice!

その他	158	区分	ソフト部門

タイトル	ゼネコンにおけるリスクアセスメント
動機・改善前の状況	リスクアセスメントの重要性が認識され、建設業にも導入されてきたが、工事全体を見渡した統括管理を行うゼネコンとしての効果的で効率的な実施方法が必要と考えた。
改善・実施事項	工事全体を見渡したリスクアセスメントとしてこれまで発生した事故事例を事故の型別、工種別に分類し、工種に応じて危険度の高い事故の型を把握するようにし、社内イントラネット上に掲載・提供した。
改善効果	イントラネットに接続されたパソコン（全従業員に配布）から、工種毎に発生しやすい事故の型を把握することで、工事実施時に予想される事故に対する適切な対策を事前に実施できるようになった。また、事故資料情報をリンクすることで、現場内への周知徹底も行いやすくなった。
活動内容 改善事項の図、写真	（図表）

Good Practice!

```
建設労務安全研究会
安全衛生委員会　グッドプラクティス部会　会員名簿


安全衛生委員会　委員長    本多　雅之    飛島建設（株）
部　会　委　員            渡辺　康史    鉄建建設（株）
                          西垣　幹夫    株木建設（株）
                          武藤　　洋    （株）竹中土木
                          中島　光夫    大和小田急建設（株）
                          宮田　一秀    東急建設（株）
                          井田　英樹    （株）不動テトラ
                          小室　将秀    松井建設（株）
                          小川　直行    みらい建設工業（株）
                          平田　　亨    日本国土開発（株）
                          小笠原　進    日本国土開発（株）
                          今井　正之    前田建設工業（株）
                          鎌田　　勉    前田建設工業（株）
```

―災害の型別防止対策―

建設業安全衛生優良事例集

2015 年 2 月 12 日　初版
2021 年 4 月 20 日　初版 2 刷

編　　者　　建設労務安全研究会

発 行 所　　株式会社労働新聞社
　　　　　　〒173-0022　東京都板橋区仲町 29-9
　　　　　　TEL：03-5926-6888（出版）　03-3956-3151（代表）
　　　　　　FAX：03-5926-3180（出版）　03-3956-1611（代表）
　　　　　　https://www.rodo.co.jp　　　　pub@rodo.co.jp
表　　紙　　仲光 寛城（ナカミツデザイン）
印　　刷　　株式会社シナノ

ISBN 978-4-89761-543-1

落丁・乱丁はお取替えいたします。
本書の一部あるいは全部について著作者から文書による承諾を得ずに無断で転載・複写・複製することは、著作権法上での例外を除き禁じられています。